全国船舶工业职业教育教学指导委员会推荐教材

机械加工实训教程

主编　朱金鑫　赵跃忠
主审　陈少艾

哈尔滨工程大学出版社
Harbin Engineering University Press

内 容 简 介

本书为机械加工实训教材,内容包括金属切削加工基础知识、车削加工实训、铣削加工实训、磨削加工实训和刨削加工实训,每章有加工实训的基础知识,并且随后附有加工实训习题,目的是提高学生机械加工技能。

本书适合于高等职业院校机械类,近似机械类本、专科学生使用。对于非机械类专业,可根据专业特点和教学条件,有针对性地选择其中的实训内容组织教学。本书还可以作为企业工人的培训教材。

图书在版编目(CIP)数据

机械加工实训教程/朱金鑫,赵跃忠主编. —哈尔滨:哈尔滨工程大学出版社,2019.7(2023.9 重印)
ISBN 978 – 7 – 5661 – 2290 – 2

Ⅰ.①机… Ⅱ.①朱… ②赵… Ⅲ.①金属切削 – 高等职业教育 – 教材 Ⅳ.①TG506

中国版本图书馆 CIP 数据核字(2019)第 115407 号

选题策划　薛　力
责任编辑　雷　霞
封面设计　博鑫设计

出版发行	哈尔滨工程大学出版社
社　　址	哈尔滨市南岗区南通大街 145 号
邮政编码	150001
发行电话	0451 – 82519328
传　　真	0451 – 82519699
经　　销	新华书店
印　　刷	黑龙江天宇印务有限公司
开　　本	787 mm × 1 092 mm　1/16
印　　张	9.5
字　　数	242 千字
版　　次	2019 年 7 月第 1 版
印　　次	2023 年 9 月第 4 次印刷
定　　价	26.00 元

http://www.hrbeupress.com
E – mail:heupress@ hrbeu. edu. cn

前　言

本书是为了贯彻和落实教育部《关于全面提高高等职业教育教学质量的若干意见》(教高〔2006〕16号)文件的精神,紧紧围绕高素质技能型专门人才培养目标而编写的。编写中结合高职高专院校培养高素质技能型专门人才的目标以及实践教学特点,本着"淡化理论,够用为度,内容丰富,培养技能,重在实用"的原则,体现了理论联系实际、教学联系企业生产现场的指导思想。

本书重点列举了各种类型的机械加工工种现场典型零件的操作方法和加工的全过程,让读者身临其境,文字叙述力求简明扼要、通俗易懂。该教材是机械制造、数控技术应用和模具制造专业学生专业基本技能培训教材之一,也可作为其他相关专业机械工种实训的参考书和技术工人岗位培训用书。

本书在内容组织上采取先基础知识后实践教学的方式,共分为5章,系统全面地介绍了金属切削加工基础知识、车削加工实训、铣削加工实训、磨削加工实训和刨削加工实训的知识点与方法。本书的编写有以下特点:

(1)内容图文并茂、形象直观,文字简明扼要、通俗易懂;

(2)让学生理论联系实际,由浅入深地逐步掌握机械加工的基本操作技能及相关工艺知识;

(3)有效地把实训中的基础知识与操作技能进行了融合,学生只要按照要求实训,技能就会得到提高;

(4)让学生在实训教学过程中掌握完成简单生产任务的技能,并能独立分析和解决生产现场的一般问题。

本书由武汉船舶职业技术学院朱金鑫、赵跃忠副教授主编。其中赵跃忠编写第1章,朱金鑫编写第2,3,4章,蒋幸幸、黄峰编写第5章。陈少艾教授主审。在本书编写过程中,得到了武汉船舶职业技术学院工程训练中心张学忠、吴隽琼两位工程师的大力帮助,在此表示感谢!

由于编者水平有限,加之时间仓促,书中难免存在一些缺点和错误,恳请广大读者批评指正。

编　者
2019年3月

目　　录

第1章 金属切削加工基础知识

1.1 金属切削加工的基本概念

1.1.1 概述

金属切削加工是用机床及刀具从毛坯或工件上切除多余的金属层,使其符合图样要求的加工方法。

在现代机械制造技术中,绝大多数的零件都要通过切削加工才能获得,以保证零件的精度和表面粗糙度的要求。因此,金属切削加工在机械制造技术中占有十分重要的地位。

金属切削加工分为机械加工和钳工加工两部分。机械加工是通过工人操作机床进行的切削加工,按所用切削机床的类型不同可将其分为车削加工、铣削加工、刨削加工和磨削加工等,如图1-1所示。钳工大多是用手工工具,并经常在台虎钳上对工件进行加工的工种,钳工加工的主要内容有:画线、錾削、锯削、锉削、钻孔、铰孔和螺纹加工等。

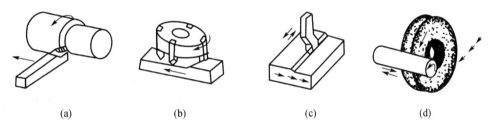

(a)   (b)   (c)   (d)

图1-1 机械加工的主要方式
(a)车削;(b)铣削;(c)刨削;(d)磨削

使用机床进行加工时,要有一定的切削工具,由机床提供工件与切削刀具间所需的相对运动,这种相对运动应与工件各种表面的形成规律和几何特性相适应。本章主要介绍切削运动、切削加工所形成的表面、切削用量、切削力、切削热、切削液、刀具切削部分的形状和材料,刀具的磨损和寿命等一般知识点。

1.1.2 切削运动

切削运动是指在切削加工时,刀具和工件之间的相对运动。通常把切削运动分为主运动和进给运动。

1. 主运动

直接切除工件上的切削层,使之转变为切屑,从而形成已加工表面的运动称为主运动。主运动的特征是速度最高、功率消耗最大,切削加工只有一个主运动。主运动可由工件完成,也可由刀具完成;可以是直线运动,也可以是旋转运动。

2. 进给运动

配合主运动使新的切削层不断投入切削的运动称为进给运动,进给运动可以是连续的,也可以是步进的,还可以是一个或几个进给运动,其速度较低,功率消耗较小。

这两种运动在不同的加工形式中是不同的。主运动和进给运动可以由刀具和工件分别完成,也可以由刀具单独完成。主运动和进给运动可以是旋转运动,也可以是直线运动;有连续的,也有间歇的。例如,车削时,工件的旋转是主运动,刀具的纵向或横向运动是进给运动,如图 1-2(a)所示。铣削时,铣刀的旋转是主运动,工件的移动是进给运动,如图 1-2(b)所示。刨削时有两种情况:在牛头刨床上,刨刀的直线往复运动是主运动,工件的移动是进给运动,如图 1-2(c)所示;在龙门刨床上,工件的直线往复运动是主运动,刨刀的移动是进给运动。磨削外圆时,砂轮的旋转是主运动,工件的轴向移动和旋转运动都是进给运动,如图 1-2(d)所示。磨削平面时,砂轮的旋转是主运动,工件的纵向运动和砂轮的横向运动都是进给运动,如图 1-2(e)所示。

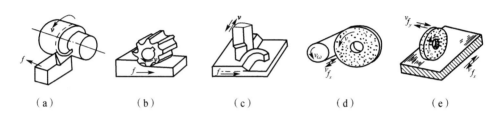

（a） （b） （c） （d） （e）

图 1-2 几种切削加工运动

(a)车削;(b)铣削;(c)刨削;(d)外圆磨削;(e)平面磨削

1.1.3 切削加工中的表面

切削加工过程中,工件上会形成三个位置不断变化的表面,即待加工表面、过渡表面和已加工表面,统称为工件表面。如图 1-3 所示,以车削、铣削和刨削加工为例说明三个加工表面的变化形成。

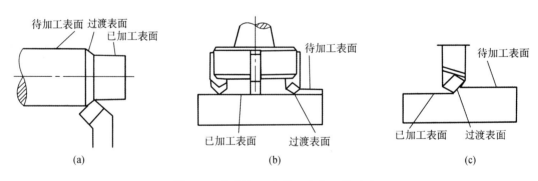

(a) (b) (c)

图 1-3 切削加工中的三个表面的形成

(a)车削;(b)铣削;(c)刨削

(1)待加工表面。工件上有待切除的表面。

(2)过渡表面。工件上由切削刃形成的那部分表面,它在下一切削行程、刀具或工件的下一转里被切除,或者由下一切削刃切除。

(3)已加工表面。工件上经刀具切削后产生的表面。

1.2　刀具的切削角度

金属切削刀具的种类很多,其中车刀比较典型,其他各种刀具的切削部分都是以车刀为基本形态演变而形成的。下面以外圆车刀为例分析刀具切削部分的结构。

1.2.1　刀具切削部分的组成

各种刀具都由切削部分、刀体和刀柄两部分组成,如图 1-4 所示。

(1)前刀面(前面)。刀具上切屑流过的表面。

(2)后刀面(后面)。与过渡表面相对的刀面。

(3)副后面(副后刀面)。与已加工表面相对的刀面。

(4)主切削刃。与过渡表面接触的刀刃。

(5)副切削刃。与已加工表面相对的刀刃。

(6)刀尖。主、副切削刃汇交的一小段切削刃。

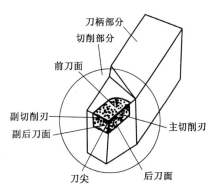

图 1-4　外圆车刀的组成

1.2.2　刀具的辅助平面

为了确定刀具切削部分的几何角度,需要确定一系列辅助平面,然后在这些辅助平面投影图中标注刀具的几何角度。这些辅助平面是进行刀具几何角度设计、制造、刃磨及测量时的基准。

由于刀具工作的角度与切削时的工作状况有关,所以在刀具的设计、制造等工作中都以静止角度为准,不考虑进给运动。规定刀具(以车刀为例)刀尖安装应与工件轴线等高,刀杆中心线垂直于进给方向等简化条件下得到的辅助平面为基面(P_r)、切削平面(P_s)和正交平面(P_o)等,如图 1-5 所示。

(1)基面(P_r)。通过切削刃上选定点,垂直于该点主运动方向的平面。

(2)切削平面(P_s)。通过切削刃上选定点,与主切削刃相切并且垂直于基面的平面。

(3)正交平面(P_o)。通过切削刃上选定点,并同时垂直于基面和切削平面的平面。

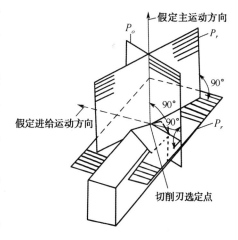

图 1-5　刀具静止参考系辅助平面

1.2.3　刀具切削部分的几何角度和作用

图 1-6 所示为刀具的静止几何角度。在正交平面内测得如下角度:

(1)前角(γ_o)。前面与基面间的夹角,其作用是使切削刃锋利,切削省力,易排屑。

(2)后角(α_o)。前面与切削平面间的夹角,它可以改变车刀后面与工件间的摩擦状况。

(3)楔角(β_o)。前面与后面间的夹角。

前角、后角与楔角之间的关系为

$$\gamma_o + \alpha_o + \beta_o = 90°$$

在基面内测得如下角度：

（1）主偏角（K_r）。主切削平面与假定工作平面间的夹角，它能改变主切削刃与刀头的受力及散热情况。

（2）副偏角（K'_r）。副切削平面与假定工作平面间的夹角，它可改变副切削刃与工件已加工表面之间的摩擦状况。

（3）刀尖角（ε_r）。主切削平面与副切削平面间的夹角，它影响刀尖强度及散热情况。

主偏角、副偏角与刀尖角之间的关系为

$$K_r + K'_r + \varepsilon_r = 180°$$

在切削平面内可测得刃倾角（λ_s），指主切削刃与基面之间的夹角，它影响刀尖的强度并控制切屑流出的方向。

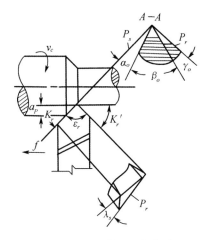

图 1-6　刀具静止几何角度

1.2.4　技能实训 1——75°车刀几何角度测量

1. 技能训练目标

(1)通过对车刀几何角度的测量，掌握测量刀具几何角度的方法。

(2)进一步加深理解刀具各角度及各参考平面的含义。

2. 车刀角度测量训练图

图 1-7 所示是车刀的基面、切削平面和正交平面的角度标注，要求同学们把它们各角度数值测量出来。

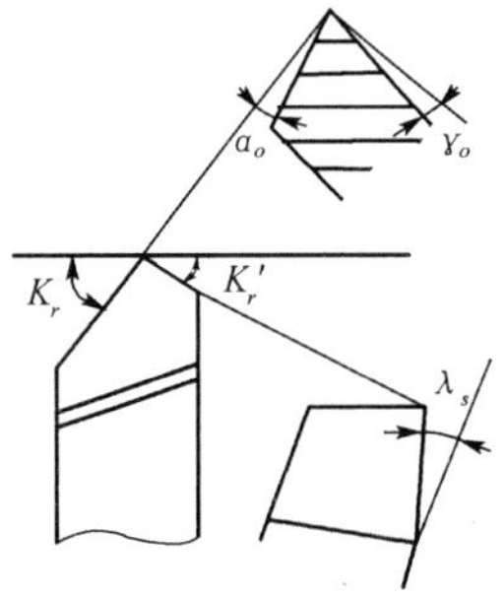

测量角度	测量数值
K_r	
K'_r	
λ_s	
γ_o	
α_o	

练习内容	练习课时数/h	材料	毛坯尺寸	件数	工时/min
车刀角度的测量	2	高速钢		1	120

图 1-7　75°车刀角度测量图

3. 训练设备与器材

(1)车刀几何角度测量仪，如图 1-8 所示　　　　　　　　　　　　一台

(2)外圆车刀　　　　　　　　　　　　　　　　　　　　　　　　一把

4. 车刀几何角度测量步骤

常用的车刀有直头外圆车刀、弯头外圆车刀、偏刀、切断刀等。测量车刀几何角度时需在工作台上面准备万能车刀量角台和需测量的车刀。

（1）万能车刀量角台的结构及使用方法

图 1-8 所示的车刀量角台能较方便地测量车刀几何角度。它主要由底座、立柱、测量台、定位块、大小刻度盘、大小指度片、螺母等组成。其中，底座和立柱是支撑整个结构的主体。刀具放在测量台上，靠紧定位块，可随测量台一起顺时针或逆时针方向旋转，并能在测量台上沿定位块左右移动。

旋转大螺母可使滑体上下移动，从而使两刻度盘及指度片达到需要的高度。用时，可通过旋转测量台或大指度片的前面或底面或侧面使量角台与刀具被测量要素紧密贴合，即可从底座或刻度盘上读出被测量的角度数值。

（2）测量外圆车刀的几何角度

①原始位置调整。将量角台的大小指度片及测量台全部调至零位，并把刀具放在测量台上，使车刀贴紧定位块、刀尖贴紧大指度片的大面。此时，大指度片的底面与基面平行，刀杆的轴线与大指度片的大面垂直，如图 1-9 所示。

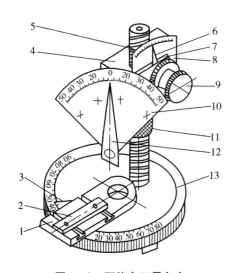

图 1-8　万能车刀量角台

1—测量台；2—定位块；3—指度片；4—滑体；
5—立柱；6—小指度片；7—弯板；8—小刻度盘；9—旋钮；
10—大刻度盘；11—大螺母；12—大指度片；13—底座

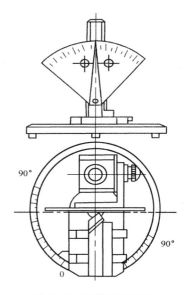

图 1-9　原始位置调整

②在基面 P_r 内测量主偏角 K_r、副偏角 K_r'。旋转测量台，使主切削刃与大指度片的大面贴合，如图 1-10 所示，根据主偏角的定义，即可直接在底座上读出主偏角 K_r 的数值。同理，旋转测量台，使副切削刃与大指度片的大面贴合，即可直接在底座上读出副偏角 K_r' 的数值。

③在切削平面 P_s 内测量刃倾角 λ_s。旋转测量台，使主切削刃与大指度片的大面贴合，此时，大指度片与切于车刀主切削刃的切削平面重合。再根据刃倾角的定义，使大指度片底面与主切削刃贴合，如图 1-11 所示，即可在大刻度盘上读出刃倾角 λ_s 的数值（注意 λ_s 的正负）。

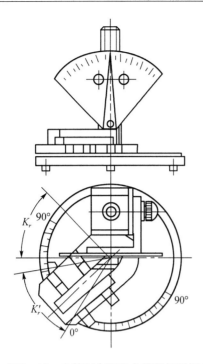

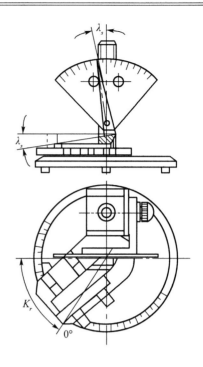

图1-10　在基面内测量主偏角与副偏角　　　　　图1-11　在切削平面测量刃倾角

　　④在主剖面 P_o 内测量前角 γ_o、后角 α_o。将测量台从原始位置逆时针旋转（$90°-K_r'$），此时大指度片所在的平面即为车刀主切削刃上的主剖面。根据前角的定义，调节大螺母，使大指度片底面与前刀面贴合，如图1-12所示，即可在大刻度盘上读出前角 γ_o 的数值。测量后角时，量角台处于上述同一位置，根据后角的定义，调节大螺母，使大指度片侧面与后刀面贴合，如图1-13所示，即可在大刻度盘上读出后角 α_o 的数值。

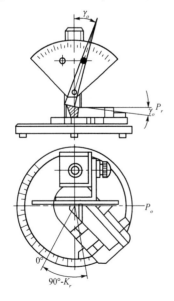

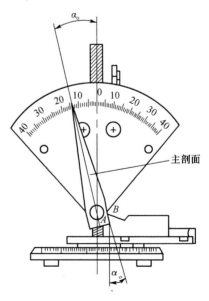

图1-12　在主剖面内测量前角　　　　　　　　图1-13　在主剖面内测量后角

5. 操作注意事项

(1)严格按照顺序测量车刀的 5 个基本角度,明确基本概念后再测量。

(2)测量时防止测量刀口与工作台面撞击,以免降低精度。

(3)测量完毕后必须将测量角还原,摆放整齐,上好防锈油。

1.3　切削用量及切削力

1.3.1　切削用量

在切削加工中,仅仅定性地了解主运动和进给运动的形式是远远不够的,还必须准确地对切削运动进行定量表示,这样才能更好地指导实践。

切削速度 v_c、进给量 f 或进给速度 v_f、切削深度 a_p 统称为切削用量三要素,是切削加工技术中十分重要的工艺参数,如图 1-6 所示。这些参数的选取是否合理,直接影响产品质量及生产效益。

1. 切削速度 v_c

主运动量化后得到的参数是切削速度(v_c),指单位时间内工件或刀具沿主运动方向相对位移的距离,单位是 m/s 或者 m/min。

当主运动为回转运动(如车削、铣削或磨削)时,其切削速度按下式计算:

$$v_c = \frac{\pi D n}{1\ 000}$$

式中　D——工件或刀具上的最大直径,mm;

　　　n——工件或刀具的转速,r/s 或 r/min。

当主运动为往复直线运动(如刨削)时,切削速度按下式计算:

$$v_c = \frac{2 L n_r}{1\ 000}$$

式中　L——刀具往复运动行程长度,mm;

　　　n_r——刀具每分钟往复次数,次/min。

2. 进给量 f

进给运动量化后得到的参数是进给量(f)。在车削和铣削中,进给量指的是执行主运动的工件(如车削)或者刀(如铣削)旋转一圈的过程中,执行进给运动的刀具或者工件沿进给方向的位移量,单位是 mm/r;在刨削中,进给量指的是执行主运动的刀具每往复一次,工件沿进给方向间隙移动的位移量,单位是 mm(双行程)。

进给速度 v_f 指进给运动在单位时间内移动的量,单位是 mm/s 或者 mm/min。进给速度和进给量是对相同物理过程的表示,因此两者一般可以按如下关系换算:

$$v_f = n \cdot f$$

3. 切削深度 a_p

切削深度指工件上待加工表面与已加工表面之间的垂直距离,单位是 mm。它会影响加工质量、切削效率、刀具磨损、切削力和切削热等诸多方面。

车削加工时切削深度又称背吃刀量,可以按下式计算:

$$a_p = \frac{D - d}{2}$$

式中　D——待加工表面直径，mm；

　　　d——已加工表面直径，mm。

1.3.2　总切削力

在切削加工时，刀具上所有参与切削的各切削部分产生的总切削力的合力称为刀具总切削力。

一个切削部分切削工件时产生的全部切削力称为一个切削部分总切削力，用 F 表示。在切削加工时，工件材料抵抗刀具切削产生的阻力称为切削抗力。在切削抗力与切削力之间的力 F 是一对作用力与反作用力，它们大小相等、方向相反，分别作用于刀具与工件上。

在切削过程中，工件上的切削层和已加工表面都要产生弹性变形和塑性变形，因而有变形阻力作用于刀具上；工件与刀具间、切屑与刀具间的摩擦阻力也作用在刀具上。切削力 F 就是抵抗这些阻力的合力。

切削力及其反作用力作用在刀具、工件和机床上，对切削加工有很大影响。

1. 切削力的分解

为了分析切削力对工件、刀具和机床的影响，通常把切削力分解为三个力，如图 1 – 14 所示。

（1）主切削力（F_c）。它是总切削力 F 在主运动方向上的正投影，是分力中最大的力，占总切削力的 90% 左右，是计算切削所需功率、刀具强度和选择切削用量的主要依据。

（2）背向力（F_p）。它是总切削力 F 在垂直于工作平面上的分力。它使工件在水平面内弯曲，容易引起振动，因而影响工件精度。增大主偏角可减小背向力。

（3）进给力（F_f）。它是总切削力 F 在进给方向上的投影，是计算机床进给机构强度的依据。

由图 1 – 14 可知，切削力总的合力为

$$F = \sqrt{F_c^2 + F_f^2 + F_p^2}$$

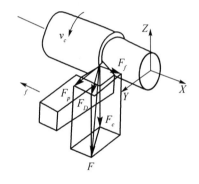

图 1 – 14　切削力的分解

2. 影响切削力的因素

凡能影响变形和摩擦的因素都能影响切削力，主要因素有工件材料、切削用量、刀具角度和切削液等。

（1）工件材料。工件材料的强度和硬度愈大，切削力就愈大。当两种材料强度相同时，塑性和韧性大的材料切削力大；反之，切削力小。

（2）切削用量。切削用量愈大，切削力愈大。其中背吃刀量对切削力影响最大，当背吃刀量增大一倍时，切削力也增大一倍。进给量增大一倍时，切削力只增大 70% 左右。切削速度对切削力影响较小。

（3）刀具角度。对切削力造成影响的是前角和主偏角。前角对切削力影响较大，当前角增大时，切屑容易从前面流出，切屑变形小，因此切削力降低；主偏角对主切削力影响较小，对进给力和背向力的影响较大，当主偏角增大时，背向力减小，进给力增大。

（4）切削液。合理选择切削液可以减小塑性变形，以及刀具与工件间的摩擦，使切削力减小。

1.4　切削热和切削液

1.4.1　切削热

1. 切削热的产生和传导

在切削加工过程中,由于被切削金属层的变形、分离及刀具和被切削材料间的摩擦而产生的热量称为切削热。

切削热主要通过切屑、刀具、工件、切削液和周围空气传导出去。如果切削加工时不加切削液,则大部分切削热就会由切屑传出。

2. 切削热对切削过程的影响

切削热通过对切削温度的影响而影响切削过程。切削热传给刀具后,使刀具温度升高。当切削热超过刀具材料所能承受的温度时,刀具材料硬度降低,刀具迅速丧失切削性能,使得刀具磨损加快,寿命缩短。切削热传入工件后,工件温度会升高并产生热变形,影响工件的加工精度和表面质量。所以,必须对刀具和工件的温度升高加以控制。

3. 切削温度及其控制措施

切削过程中切削区域的温度称为切削温度。切削温度的高低取决于产生热量的多少和热传导的快慢,具体受工件材料的性质(塑性、强度和硬度等)、切削用量、刀具角度和切削液等因素的影响。

为了控制切削温度的升高,可采用以下措施:合理选择刀具材料和刀具几何角度,提高刀具的刃磨质量;合理选择切削用量;适当选择和使用切削液。

1.4.2　切削液

为了提高切削加工效果而使用的液体称为切削液。切削液有如下作用:

(1)冷却作用。它能带走大量切削热,降低切削温度,延长刀具使用寿命和提高生产效率。

(2)润滑作用。它能减小摩擦,降低切削力和切削热,减少刀具磨损,提高加工表面质量。

(3)清洗作用。它能及时冲洗掉切削过程中产生的细小铁屑,以免影响工件表面质量和机床精度。

切削液的种类有水基和油基两大类。常用的水基切削液有合成切削液和乳化液,常用的油基切削液即切削油。

(1)合成切削液,是以水为主要成分,加入适量的水溶性防锈添加剂制成,俗称水溶液,主要起冷却作用。

(2)乳化液,是用乳化油加水(体积分数为95%~98%)稀释而成,起冷却兼润滑作用。

(3)油基切削液,是即切削油,分矿物油、动物油和复合油三种,主要起润滑作用。

切削液应根据工件材料、刀具材料、加工方法、加工要求、机床类别等情况综合考虑,合理选用。

1.5 常用的金属切削刀具及其寿命

1.5.1 刀具切削部分的材料

刀具的切削部分和刀体可以采用同种材料制成一体,也可以采用不同种类材料分别制造,然后用焊接或机械夹持的方法将两者连接成一体。

1. 刀具切削部分材料的基本要求

在切削过程中,刀具切削部分要承受很大的切削力和冲击力,并且在很高的温度下进行工作,经受连续和强烈的摩擦。因此,刀具切削部分材料必须具备以下基本要求。

(1)高硬度。刀具切削部分材料硬度必须高于工件材料硬度,其常温硬度一般要求在60洛氏硬度(HRC)以上。

(2)良好的耐磨性。耐磨性是指抵抗磨损的能力。耐磨性除了与切削部分材料的硬度有关外,还与材料组织结构中碳化物的种类、数量、大小及分布情况有关。

(3)足够的强度和韧性。其主要是指刀具切削部分材料承受切削力、冲击力和振动而不破碎的能力。

(4)高热硬性。这是指刀具切削部分材料在高温下仍能保证切削正常进行所需的硬度、耐磨性、强度和韧性的能力。

(5)良好的工艺性。一般指材料的可锻性、焊接性、切削加工性、可磨性、高温塑性和热处理性能等。工艺性越好,越便于刀具的制造。

2. 常用刀具材料

(1)碳素工具钢。淬火后有较高的硬度(60~64HRC),容易刃磨,成本低,但热硬性差。一般用于制造低速、小尺寸的手工工具。常用的牌号有 T10、T10A、T12、T12A 等。

(2)合金工具钢。其热硬性、韧性较碳素工具钢好。一般用于制造形状复杂的低速刀具。常用的牌号有 9SiCr 等。

(3)高速工具钢。它是含有较多钨、铬等合金元素的高合金工具钢。其热硬性高,强度、韧性和制造工艺性好,应用广泛。常用的牌号有 W6Mo5Cr4V2、W18Cr4V、W12Cr4V5Co5 等。

(4)硬质合金。其热硬性、耐磨性好,温度达 1 000 ℃时硬度也无明显下降,但韧性差。一般用于加工脆性材料。常用的牌号有 YT5、YT14、YT15、YT30 等。

1.5.2 刀具的磨损及寿命

在切削过程中,刀具在切除多余金属层的同时,也逐渐被工件和切屑磨损。当刀具磨损到一定程度,失去切削性能时,称为刀具钝化。刀具钝化的方式有卷刃、崩刃和磨损三种。卷刃和崩刃是非正常钝化。在正常条件下,磨损是钝化的主要原因。

1. 刀具的磨损类型

(1)机械磨损。在低速和低温(200 ℃)的条件下切削时,刀具由于前面与切屑、后面与工件接触摩擦而磨损;刀具材料的微粒互相黏结而被带走的现象也称为机械磨损。

(2)热效应磨损。当切削温度过高时,刀具材料的金相组织或化学成分发生变化,使刀具硬度降低而引起的磨损称为热效应磨损。

2. 刀具磨损的形式和过程

（1）刀具磨损的形式。刀具的磨损形式可分为三种，即刀具后面磨损、前面磨损，以及前、后面同时磨损。

（2）磨损的过程。根据试验结果，刀具的磨损过程分为三个阶段，如图 1-15 所示。

①初期磨损阶段（OA 线段）。刀具刃磨后开始切削时，由于后面微观不平及刃磨后的表层组织不耐磨，磨损较快。

②正常磨损阶段（AB 线段）。刀具经过初期磨损阶

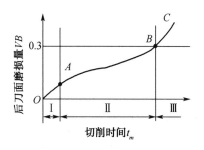

图 1-15　刀具磨损过程

段后，后面上的高低不平及不耐磨表层组织已被磨去，而使接触面积增大，单位压力减小，磨损速度较以前缓慢。

③急剧磨损阶段（BC 线段）。正常磨损后，由于刀具和工件接触情况恶化，摩擦加剧，温度上升，磨损迅速增大。

（3）刀具磨钝标准。表明刀具已经磨钝的标志称为磨钝标准。

当刀具磨损到一定程度时，会出现工件表面质量明显下降、不正常的振动或响声等现象。通常都是以刀具后刀面磨损量 VB 作为磨钝标准。

在粗加工时，应取磨损过程曲线中正常磨损阶段终点处的磨损量（图 1-15 中 B 点对应的磨损量）作为磨钝标准，称为合理磨钝标准。

精加工时，必须保证工件表面粗糙度和尺寸精度，因此要根据表面粗糙度和尺寸精度要求来制定磨钝标准，称为工艺磨钝标准。工艺磨钝标准小于合理磨钝标准。

3. 刀具的寿命

实际生产中不可能经常停机来测量磨损量，通常用机动时间来表示刀具磨损限度。刃磨后的刀具自开始切削，直到磨损达到磨钝标准为止的纯切削时间称为刀具寿命（不包括对刀、测量、快进、回程等时间）。刀具寿命的单位为 min。

当磨钝标准相同时，刀具寿命越长，刀具的磨损越慢。因此，影响刀具寿命的因素和影响刀具磨损快慢的因素相同。如工件材料的强度、硬度、塑性越大时，刀具寿命越低；切削用量中对刀具寿命影响最大的是切削速度，其次是进给量，影响最小的是背吃刀量；刀具的前角、主后角和主偏角对刀具寿命也有一定影响；合理选择切削液也能延长刀具寿命。

1.6　机械加工中的常用测量工具

1.6.1　长度量具

1. 钢直尺

钢直尺是一种不可卷的钢质板状量尺。它是通过与被测尺寸比较，由刻度标尺直接读数的一种通用长度量具。它结构简单，价格低廉，被广泛使用。生产中常用的是量程为 150 mm、300 mm 和 1 000 mm 的三种钢直尺，如图 1-16 所示。使用钢直尺时，应以工作端边作测量基准，这样不仅便于找正测量基准，而且便于读数。

2. 卡钳

卡钳是一种间接量具，其本身没有刻度，所以要与其他有刻度的量具配合使用。卡钳根

据用途可分为外卡钳和内卡钳两种,用以测量圆环或圆筒的内径和外径,如图 1－17 所示。卡钳常用于测量精度要求不高的工件。

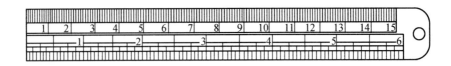

图 1－16 钢直尺

3. 游标卡尺

游标卡尺在机械加工中使用非常广泛。它是利用游标原理,对两测量爪相对移动分隔的距离进行读数的通用长度测量工具。游标卡尺是一种中等精确度的量具,宜于测量和检验 IT10～IT16 公差等级的零件尺寸。游标卡尺的测量精度有 0.10 mm、0.05 mm 和 0.02 mm 三种,测量范围有 0～0.125 mm、0～0.200 mm、0～0.500 mm 等。

（1）游标卡尺的刻度原理。游标卡尺是由尺身、游标、尺框组成的,如图 1－18 所示。游标卡尺的读数由两部分组成:主尺上精确读出毫米单位的整数,毫米的小数部分从游标上读出。按游标读数值的不同,分为 0.10 mm、0.05 mm 和 0.02 mm 三种,虽然其精度不同,但读数原理相同。游标卡尺尺身上的一小格为 1 mm。

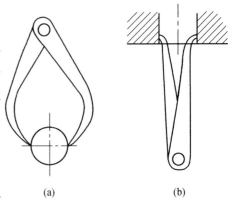

图 1－17 内、外卡钳
（a）外卡钳;（b）内卡钳

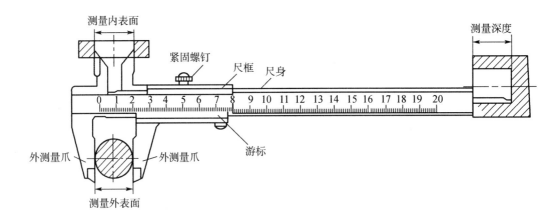

图 1－18 游标卡尺的结构

下面以 0.01 mm 游标卡尺为例来说明刻度原理。图 1－19 所示为主尺每一刻线间距离为 1 mm,游标每一刻线间距离为 0.9 mm,两者之差值为 0.1 mm。游标共分为 10 格,当主尺与游标的卡脚贴合时,主尺上零线与游标上零线应该对齐,而游标的最后一根线和主尺上的第 9 根刻线也对齐,这时游标上的其他刻线都不与主尺刻线对齐。当游标向右移动 0.1 mm

时,游标零线后的第 1 根刻线与主尺刻线对齐;当游标向右移动 0.2 mm 时,游标零线后的第 2 根刻线与主尺刻线对齐;依此类推,此时游标刻线数乘以 0.1 mm 就为读数的小数部分数值。

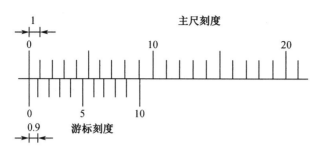

图 1 - 19　游标卡尺刻度原理图

0.05 mm 游标卡尺尺身上的 19 格刻线宽度与游标上 20 格刻线宽度相等,则游标的每格刻线宽度 19/20 = 0.95 mm,游标每格代表的数值为 1.00 - 0.95 = 0.05 mm。0.02 mm 游标卡尺是以尺身上的 49 格刻线宽度与游标上 50 格刻线宽度相等制成的,则游标的每格刻线宽度为 49/50 = 0.98 mm,游标每格代表的数值为 1.00 - 0.98 = 0.02 mm。

读数时,先读出游标零线左边主尺上的最近刻线值,即为测量的整数数值,然后再看游标上第几根刻线与主尺刻线对齐,读出测量的小数值,两者之和为实际测量尺寸。

(2)游标卡尺的读数方法。游标卡尺的读数方法主要有以下三个步骤:

①整数:从主尺上读出毫米整数。

②小数:在游标上找到与主尺上某刻度线对得最齐的刻度线,用"游标读数值 × 刻度线数"得到毫米小数。

③测量结果:把两次读数数值相加,就是被测工件的尺寸读数值(图 1 - 20)。

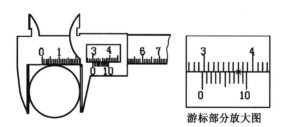

读数为:29+8×0.1=29.8 mm

图 1 - 20　读数示例

(3)游标卡尺的正确使用。首先应根据所测工件的部位和尺寸精度,正确合理地选择卡尺的种类和规格;其次,使用游标卡尺时,要先校正零点,即游标零线与尺身零线、游标尾线与尺身的相应刻线是否相互对准;最后,测量工件时,把握好量爪测量面与工件表面接触时的用力,应使量爪测量面与工件表面刚好接触并能沿工件表面自由滑动,同时注意不要歪斜,以免读数产生误差。

4. 千分尺

千分尺比游标量具测量精度更高,一般为 0.01 mm。它也是机械加工中使用最广泛的精密量具之一。测量范围有 0 ~ 25 mm、25 ~ 50 mm、50 ~ 75 mm、75 ~ 100 mm 等多种规格。千分尺按用途可分为外径千分尺、内径千分尺、内测千分尺、三爪内径千分尺、测深千分尺、杠杆千分尺、螺纹千分尺和 V 形砧千分尺等。

（1）千分尺的刻度原理。外径千分尺是利用螺旋副原理对弧形尺架上两测量面间分隔的距离进行读数的通用长度测量工具。外径千分尺由尺架、测微装置、锁紧装置、测力装置、隔热装置等组成，如图 1 - 21 所示。活动套筒与其内部的测微螺杆连接成一体，上面刻有 50 条等分刻度线。当活动套筒旋转一周时，由于测微螺杆的螺距一般为 0.5 mm，因此它会轴向移动 0.5 mm。当活动套筒转过一格时，测微螺杆轴向移动距离为 0.5/50 = 0.01 mm，这是千分尺的刻度原理。

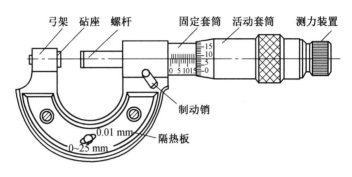

图 1 - 21　外径千分尺的结构

（2）千分尺的读数方法。千分尺的读数包括固定套筒上刻度和活动套筒上刻度两部分。固定套筒纵刻线的两侧各有一排均匀刻线，刻线的间距都是 1 mm，且相互错开 0.5 mm，标出数字的一侧表示毫米数，未标数字的一侧即为错开 0.5 mm 数。

用千分尺进行测量时，其读数也可分为以下三个步骤：

①先读出固定套筒上露出的刻度值，即被测件的整毫米值和半毫米值。

②找出与基准线对准的活动套筒上的刻线数值，读出小数部分。小数部分就是微分筒上与固定套筒管轴向刻度线对齐的刻度除以 100 得到的数值。

③将上面两次读数值相加，就是被测工件的尺寸。千分尺的读数示例如图 1 - 22 所示。

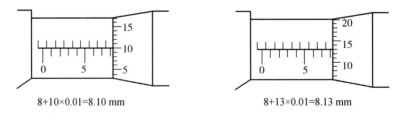

8+10×0.01=8.10 mm　　　　　8+13×0.01=8.13 mm

图 1 - 22　读数示例

（3）千分尺的正确使用。根据被测尺寸的大小和公差等级，选择千分尺的规格和精度级别。使用前，要检查千分尺和工件，并调整零位。例如，活动套筒的转动是否灵活，测微螺杆的移动是否平稳，锁紧装置的作用是否可靠等，还要把工件的测量表面擦干净。调零正确的依据：活动套筒锥面的端面与固定套筒横刻线的右边缘相切，或离线不大于 0.1 mm，压线不大于 0.05 mm,同时活动套筒上"0"刻线对准固定套筒上的轴向刻线。测量时,要使测微螺杆轴线与工件的被测尺寸方向一致。转动活动套筒,当测量面将与工件表面接触时,应改为转动棘轮(测力装置),直到棘轮发出"咋咋"的响声后,方能进行读数,这时最好在被测件上直接读数。如果必须取下千分尺读数,应使用锁紧装置把测微螺杆锁住,再轻轻滑出千分尺。

5.百分表

百分表是一种利用机械传动系统,把测杆的直线位移转变为指针在表盘上角位移的长度测量工具。它只能测出相对数值,不能测出绝对数值。它可以用来检查机床或零件的精确程度,也可以用来调整加工工件的装夹位置偏差。百分表的测量范围一般有 0~3 mm、0~5 mm 和 0~10 mm 三种。百分表的测量范围是指测杆能够上下移动的最大距离。

百分表的结构如图 1-23 所示。当测量杆向上或向下移动 1 mm 时,主指针转动一圈。主指针满整圈时,小指针移动一格。表盘上共有 100 个分度,其代表主指针每转一个分度(格),量杆移动 1/100 = 0.01 mm。常用百分表小指针刻度盘的圆周上有 10 个等分格,每格为 1 mm。

百分表测量的尺寸变化量就是大小指针所示读数之和,也就是说测量的数值包括毫米整数和小数两部分。毫米整数是指小指针转过的刻度值,小数部分是指大指针转过的刻度数乘以 0.01。百分表通常是装在表架或者专用的检验工具上使用的,如图 1-24 所示。

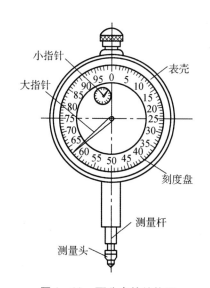

图 1-23　百分表的结构图

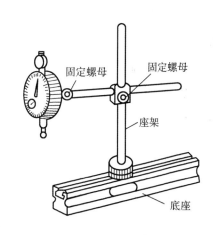

图 1-24　百分表的固定

测量前,可以对零位,把指针转到表盘的零位作起始值;也可以将指针原来指的位置作为测量的起始位置的刻度,即将该刻度当作"0"刻度。对零位时先使测量头与基准表面接触,在测量范围允许的条件下,最好把表压缩,使指针转过 2~3 圈后再把表紧固住,然后对零位。同时,百分表的测量要与被测工件表面保持垂直。而测量圆柱形工件时,测量杆的中心线应垂直通过被测工件的中心线。

6.刀口形直尺

刀口形直尺是用透光法和光隙法检验精密平面直线度和平面度的,其形状如图 1-25 所示。刀口形直尺的规格用刀口长度表示,常用的有 75 mm、125 mm、175 mm、225 mm 和

300 mm 等几种。检验时,将有尺的刀口与被检平面接触,在平行于工件棱边方向和沿对角线方向各放一个明亮均匀的光源,然后从尺的侧面观察工件表面与直尺之间漏光缝隙大小,以此来判断工件的表面是否平齐,如图 1 – 25 所示。

7. 塞尺(厚薄规)

塞尺又称厚薄规或间隙规,是用来检查两贴合面之间间隙的薄片量尺,如图 1 – 26 所示。它由一组薄钢片组成,每片的厚度为 0.01 ~ 1.00 mm 不等。测量时,先用较薄的一片塞尺插入被测间隙内,若有间隙,再依次挑选较厚的插入,直至恰好塞进不松不紧,而换用较厚的不能塞入为止。这时,塞入各片塞尺厚度(可由每片片身上的标记读出)之和,即为两贴合面的间隙值。塞尺片的测量精确度一般为 0.01 mm。

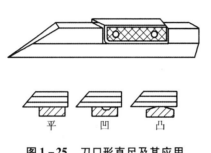

图 1 – 25　刀口形直尺及其应用

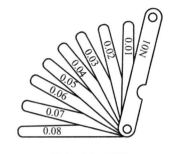

图 1 – 26　塞尺

使用塞尺测量时,选用的薄片越小越好,而且必须先用细棉纱软布或绸布擦净尺面和工件,测量时不能使劲硬塞,以免尺片打折。塞尺片与保护板的连接应能使塞尺片围绕轴心平滑地转动,不得有卡滞或松动现象。

1.6.2　角度量具

1. 直角尺

直角尺又称 90°角尺,用于检查工件的垂直度。将直角尺的基面在平板上慢慢移动,使测量边靠紧工件的测量部位,观察工件与直角尺测量面的光隙大小,判断被测角相对于 90°的偏差。直角尺及其应用如图 1 – 27 所示。

2. 万能角度尺

万能角度尺属于游标万能角度规,是用游标读数、可测任意角度的量尺,一般用来测量零件的内外角度。它的分度值有 2′ 和 5′ 两种,其构造如图 1 – 28 所示。

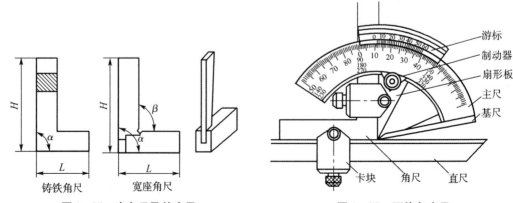

图 1 – 27　直角尺及其应用　　　　图 1 – 28　万能角度尺

万能角度尺的读数机构是根据游标原理制成的。分度值为 2′ 的万能角度尺,其主尺刻度线每格为 1°,而游标刻线每格为 58′,即主尺 1 格与游标 1 格的差值为 2′。同理,分度值为 5′ 的万能角度尺,游标尺的 1 格比主尺的 1 格角度值小 5′。万能角度尺的读数方法与游标卡尺完全相同。

测量前,检查各运动部件是否灵活,制动是否可靠,然后校对零位。调零位的方法:把游标尺背面的两个螺钉松开,移动游标尺使它的"0"线与主尺"0"线以及末端刻线和主尺相应的刻线对齐,然后再拧紧螺钉,再对"0"位,使主尺与游标的"0"线对准时即调好零位。使用时通过改变基尺、角尺、直尺的相互位置,可测量万能角度尺测量范围内的任意角度。用万能角度尺测量工件时,应根据测量范围组合量尺,万能角度尺应用实例如图 1 - 29 所示。

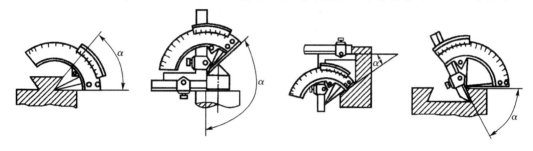

图 1 - 29　万能角度尺应用实例

1.6.3　量具的保养技术

正确地使用、维护和保养量具,对保持量具测量精度、延长使用寿命有着重要意义,因此使用量具时必须做到以下几点:

(1)使用前必须用绒布将其擦干净;

(2)不能用精密量具去测量毛坯或运动着的工件;

(3)测量不能用力过猛、过大,也不能测量温度过高的工件;

(4)量具的存放地要干燥、清洁、无腐蚀性气体侵入,更不应和其他物品混放;

(5)不得将量具代替其他工具使用;

(6)不能用脏油或水清洗量具,更不能往量具内注入脏油;

(7)量具使用后,要松开紧固装置,并将其擦洗干净后涂油,放入专用的量具盒内存放;

(8)量具要远离磁场,防止被磁化。

第2章 车削加工实训

　　车削加工是切削加工中最常用的一种方法,也是最基本的加工方法之一。它是利用工件的旋转运动和刀具的移动来改变毛坯形状和尺寸,将其加工成所需零件的一种切削加工方法。其中,工件的旋转为主运动,刀具的移动为进给运动。

　　车削加工主要用来加工零件上的回转体表面,工件的特点是都有一条回转中心,如圆柱面、圆锥面、螺纹、端面、成形面、沟槽、切断等。

　　车削加工分为立式车削和卧式车削两种,其中卧式车削是应用最为普遍的一种车削加工方法,车削加工内容如图2-1所示。车削加工的尺寸公差等级为 IT11～IT6,表面粗糙度 *Ra* 值为 12.5～0.8 μm。

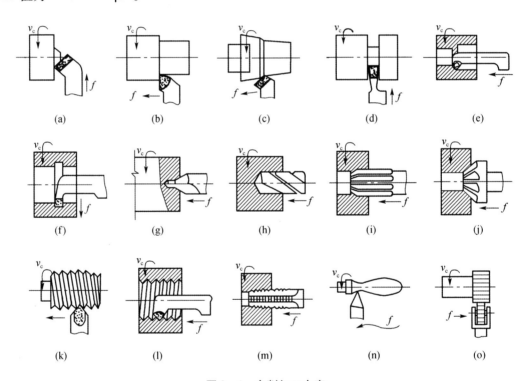

图2-1　车削加工内容

(a)车端面;(b)车外圆;(c)车外锥面;(d)切槽、切断;(e)镗孔;(f)切内槽;(g)钻中心孔;(h)钻孔;
(i)铰孔;(j)忽锥孔;(k)车外螺纹;(l)车内螺纹;(m)攻螺纹;(n)车成形面;(o)滚花

2.1 卧式车床

2.1.1 卧式车床的结构

1. 车床的型号

机床均用汉语拼音字母和数字按一定规律组合进行编号,以表示机床的类型和主要规格。现以卧式车床 CA6140 为例进行介绍。根据国家标准 GB/T 15375—2008《金属切削机床型号编制方法》的规定,CA6140 车床型号中,各字母与数字的含义如下所示:

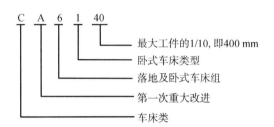

2. 卧式车床各部分的名称和用途

CA6140 普通车床的外形如图 2-2 所示,它由床身、主轴箱、进给箱、光杠、丝杠、溜板箱、刀架、挂轮架、尾座和操作杆组成。

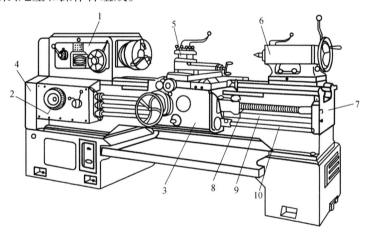

图 2-2　CA6140 普通车床的外形结构图
1—主轴箱;2—进给箱;3—溜板箱;4—挂轮架;5—刀架;
6—尾座;7—床身;8—丝杠;9—光杠;10—操作杆

（1）主轴箱。主轴箱固定在床身的左上面。它将电动机的旋转运动传给主轴并通过卡盘带动工件一起旋转,改变主轴箱外面的变速手柄位置,可使主轴获得 24 级正转不同的速度,12 级反转不同的速度。

（2）进给箱。进给箱固定在床身的左前下侧,通过挂轮架把主轴的旋转运动传递给丝杠,改变箱外的手柄位置,可改变丝杠或光杠的转速,从而达到变换进给量或螺距的目的。

（3）溜板箱。溜板箱固定在床鞍前侧,随床鞍一起在床身导轨上作纵向往复运动。通过它把丝杠或光杠的旋转运动变为床鞍、中滑板的进给运动。变换溜板箱箱外手柄位置,可对车刀的纵向或横向进给运动进行控制,控制刀架的方向、启动或者停止。

(4)挂轮架。挂轮架上装有变换齿轮,把主轴的旋转运动传递给进给箱,调整变换齿轮,并与进给箱配合,可以调出不同螺距的螺纹。

(5)刀架。如图2-3所示,刀架用来夹持车刀并使其作纵向、横向或斜向进给运动。它由以下几个部分组成:

①床鞍。它与溜板箱连接,可沿床身导轨作纵向移动,其上面有横向导轨。

②中拖板。它可沿床鞍上的导轨作横向移动。

③转盘。它与中拖板用螺钉紧固,松开螺钉便可在水平面内扳转任意角度。

④小拖板。它可沿转盘上面的导轨作短距离移动,当将转盘偏转若干角度后,可使小拖板作斜向进给,以便车削锥面。

⑤方刀架。它固定在小拖板上,可同时装夹4把车刀。松开锁紧手柄,即可转动方刀架,把需要的车刀更换到工作位置上。

(6)尾座。尾座安装在床身导轨上,并可沿导轨将其移至所需位置上,其结构如图2-4所示。尾座套筒内的莫氏锥孔可安装顶尖支撑工件;也可安装钻头、铰刀或锪钻等刀具,以便在工件上钻孔、扩孔、铰孔或锪锥孔。松开尾座体与底座的固定螺钉,用调节螺钉调节尾座体的横向位置,可使尾座顶尖对准中心或偏离一定距离,以便车削小锥度的长锥面。

(7)床身。床身固定在床腿上,是车床的基本支撑件,其功用是支撑各主要部件,并使它们在工作时保持准确的相对位置。

(8)丝杠。丝杠能带动大拖板作纵向移动,用来车削螺纹。丝杠是车床中主要精密件之一,一般不用丝杠自动进给,以便长期保持丝杠的精度。

(9)光杠。光杠用于机动进给时传递运动。通过光杠可把进给箱的运动传递给溜板箱,使刀架作纵向或横向进给运动。

(10)操作杆。操作杆是车床的控制机构。在操作杆左端和拖板箱右侧各装有一个手柄,操作者可以很方便地操纵手柄以控制车床主轴正转、反转或停车。

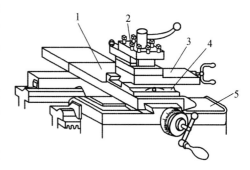

图2-3 刀架的组成
1—中拖板;2—方刀架;3—小拖板;
4—转盘;5—床鞍

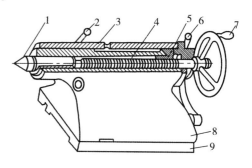

图2-4 尾座的组成
1—顶尖;2—套筒锁紧手柄;3—套筒;
4—丝杠;5—螺母;6—尾座锁紧手柄;
7—手轮;8—尾座体;9—底座

2.1.2 CA6140卧式车床的基本操作

1. CA6140卧式车床的调整及手柄的使用

CA6140车床的调整主要是通过变换各自相应的手柄位置进行的,如图2-2所示。

(1)主轴转速变换。变动主轴箱外面右侧的两个相关变速手柄,变换上面的数字,即可得到各种相应的主轴转速。当手柄拨动不顺利时,可用手稍微转动卡盘。

（2）进给量变换。按所选的进给量查看进给箱上的标牌,再按标牌上进给变换手柄的位置来变换进给箱外面的两列手柄的位置,即可得到所选定的进给量。

（3）纵向和横向手动进给操作。左手握溜板箱前面纵向操作手动手轮,右手握刀架前端横向手动手柄,分别按顺时针和逆时针方向旋转手轮,操纵刀架和溜板箱的纵横向移动。

（4）纵向或横向机动进给操作。选择合适的进给量,操作主轴旋转,然后操作溜板箱旁边的操作杆向前、向后、向左或者向右,观察刀架是如何纵向和横向机动进给的。

（5）尾座的操作。尾座靠手动移动,并靠紧固螺栓螺母来固定。转动尾座后面的移动套筒手轮,可使套筒在尾架内移动;转动尾座锁紧手柄,可将套筒固定在尾座内。

2. 低速开车训练步骤

练习前应先检查各手柄位置是否处于正确位置,准确无误后再进行开车练习。

（1）主轴启动:电动机启动—操纵主轴转动—停止主轴转动—关闭电动机。

（2）机动进给:电动机启动—操纵主轴转动—手动纵横进给—机动纵横进给—手动退回—机动横向进给—手动退回—停止主轴转动—关闭电动机。

操作车床时应特别注意以下事项:

（1）机床未完全停止转动前严禁变换主轴转速,否则可能发生严重的主轴箱内齿轮打齿现象,甚至发生机床事故。开车前要检查各手柄是否处于正确位置。

（2）纵向和横向手柄进退方向不能摇错,尤其是快速进、退刀时千万要注意,否则可能发生工件报废和安全事故。

2.1.3　卧式车床的传动系统

车床的主运动是工件随主轴的旋转运动,进给运动为刀具的纵向或横向直线进给运动。车床的传动系统由主运动传动链和进给运动传动链组成。如图 2 – 5 所示,主运动传动链由电机开始,经皮带轮和主轴箱传给主轴;进给运动传动链由主轴开始,经由主轴箱和挂轮箱传入进给箱,再由光杠或丝杠传给溜板箱带动刀架移动。

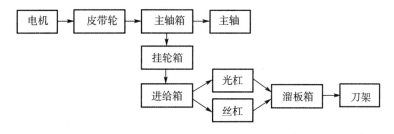

图 2 – 5　车床传动系统示意图

车床的传动系统图是反映车床全部运动传递关系的示意图。车床的传动系统可根据其实现的运动关系划分为若干条传动链。传动链是由动力源和执行件,或两个执行件之间保持确定运动关系的一系列传动元件构成的。

通常车床有几种运动,车床的传动系统就有相应的几条传动链。一般普通车床可分解为主运动传动链和进给运动传动链。

CA6140 型普通车床的传动系统如图 2 – 6 所示。

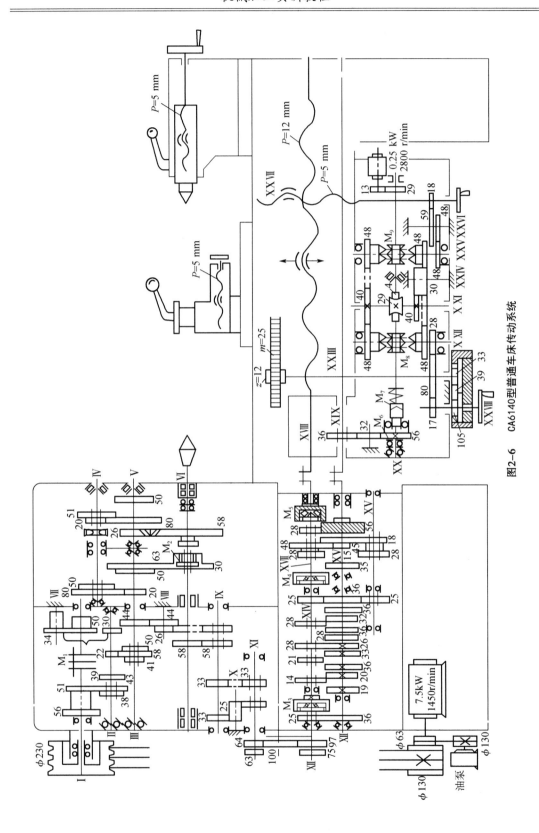

图2-6 CA6140型普通车床传动系统

1. 主运动传动链

CA6140 车床主轴变速箱的传动路线有两条：一条是轴 Ⅰ →轴 Ⅱ →轴 Ⅲ →（直接）轴 Ⅵ（主轴）；另一条是轴 Ⅰ →轴 Ⅱ →轴 Ⅲ →轴 Ⅳ →轴 Ⅴ →轴 Ⅵ（主轴）。它的传动链结构式如下：

$$电动机 \rightarrow \frac{\phi 130}{\phi 230} \rightarrow 轴 \mathrm{I} \rightarrow \begin{cases} 电动机\ M_1（左接合正转）\rightarrow \begin{Bmatrix} \dfrac{56}{38} \\ \dfrac{51}{43} \end{Bmatrix} \\ 电动机\ M_1（右接合反转）\rightarrow \dfrac{50}{34} \rightarrow 轴 \mathrm{VII} \rightarrow \dfrac{34}{30} \end{cases} \rightarrow 轴 \mathrm{II} \rightarrow \begin{Bmatrix} \dfrac{39}{41} \\ \dfrac{30}{50} \\ \dfrac{22}{58} \end{Bmatrix} \rightarrow$$

$$轴 \mathrm{III} \rightarrow \begin{cases} \dfrac{63}{50} \\ \begin{bmatrix} \dfrac{50}{50} \\ \dfrac{20}{80} \end{bmatrix} \rightarrow 轴 \mathrm{IV} \rightarrow \begin{bmatrix} \dfrac{51}{50} \\ \dfrac{20}{80} \end{bmatrix} \rightarrow 轴 \mathrm{V} \rightarrow \dfrac{26}{58} \rightarrow M_1 \end{cases} \rightarrow 轴 \mathrm{VI}（主轴）$$

主轴正转时理论变速级数为 $2 \times 3 \times (2 \times 2 + 1) = 30$ 级，由于从轴 Ⅲ 至轴 Ⅴ 的 4 种传动比中，$\frac{20}{80} \cdot \frac{51}{50}$ 与 $\frac{50}{50} \cdot \frac{20}{80}$ 的值近似相等，故轴 Ⅲ 至轴 Ⅴ 算 3 个传动比，实际变速级数为 $2 \times 3 \times [(2 \times 2 - 1) + 1] = 24$ 级。

主轴反转时，由于轴 Ⅰ 经惰轮至轴 Ⅱ 只有 1 种传动比，故反转理论变速级数为 15 级，实际上转速为 12 级。当各轴上的齿轮位置完全相同时，反转的转速高于正转的转速。主轴反转主要用于车螺纹时退刀，快速反转能节省辅助时间。

2. 进给运动传动链

进给运动传动链可实现刀架的纵向或横向直线进给运动。普通车床进给运动传动链有纵向进给传动链、横向进给传动链和螺纹进给传动链。

进给运动的传动路线是主轴的运动经换向机构传到挂轮箱，再传到进给箱，经光杠传到溜板箱实现刀架横向或纵向的进给运动；或经丝杠传到溜板箱用于车螺纹。

2.2 车刀的结构、种类及其用途

2.2.1 车刀的结构

车刀由刀头和刀杆两部分组成，刀头是车刀的切削部分，刀杆是车刀的夹持部分。车刀从结构上可分为 4 种形式，即整体式、焊接式、机夹式、可转位式，如图 2-7 所示，其结构特点及适用场合见表 2-1。

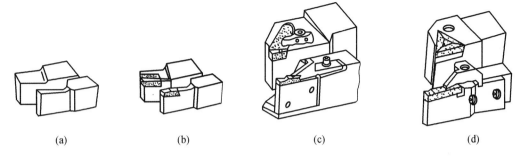

图 2 - 7　车刀的结构

(a)整体式;(b)焊接式;(c)机夹式;(d)可转位式

表 2 - 1　车刀的结构及其适用场合

名称	特点	适用场合
整体式	用整体高速钢制造,刃口可磨得较锋利	小型车床或加工非金属,低速切削
焊接式	焊接硬质合金,结构紧凑,使用灵活	各类车刀,特别是小刀具
机夹式	避免了焊接产生的应力、裂纹等缺陷,刀杆利用率高;刀片可集中刃磨获得所需参数,使用灵活方便	外圆、端面、镗孔、切断、螺纹车刀等
可转位式	避免了焊接刀的缺点,刀片可快速转位;生产率高;断屑稳定;可使用涂层刀片	大中型车床加工车外圆、端面、镗孔,特别适用于自动生产线和数控机床

2.2.2　车刀的种类

按不同的用途,可将车刀分为外圆车刀、端面车刀、切断刀、内孔车刀、成形车刀和螺纹车刀等,如图 2 - 8 所示。

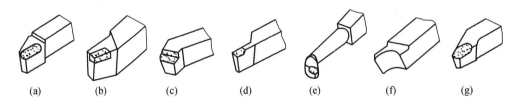

图 2 - 8　常用车刀种类

(a)90°偏刀;(b)75°外圆车刀;(c)45°外圆端面车刀;
(d)切断刀;(e)车孔刀;(f)成形车刀;(g)螺纹车刀

2.2.3　车刀的用途

常用车刀的基本用途如图 2 - 9 所示。

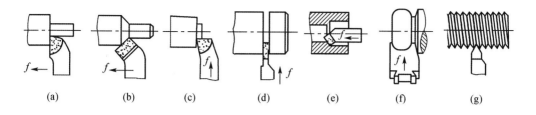

图 2 - 9 车刀的用途

(a)(b)车外圆;(c)车端面;(d)切断;(e)车内孔;(f)车成形面;(g)车螺纹

(1)车刀(外圆车刀)。外圆车刀又叫偏刀,主要用于车削外圆、台阶和端面,如图 2 - 9(a)和(c)所示。

(2)车刀(弯头车刀)。弯头车刀主要用来车削外圆、端面和倒角,如图 2 - 9(b)所示。

(3)切断刀。它用于切断或车槽,如图 2 - 9(d)所示。

(4)内孔车刀。它用于镗削内孔,如图 2 - 9(e)所示。

(5)成形车刀。它主要用于车削成形面,如图 2 - 9(f)所示。

(6)螺纹车刀。它主要用于车削螺纹,如图 2 - 9(g)所示。

2.3 车刀的刃磨与安装

2.3.1 车刀的刃磨

1. 砂轮的选择

刃磨车刀的砂轮按其磨料不同,常用的有氧化铝砂轮(白色)和碳化硅砂轮(绿色)两种,所以刃磨车刀一般就在这两种砂轮之间选择。

(1)氧化铝砂轮又称白刚玉砂轮,多呈白色,其磨粒韧性好,比较锋利,硬度较低,自锐性好,适用于刃磨高速工具钢车刀和硬质合金车刀的刀体部分。

(2)碳化硅砂轮多呈绿色,其磨粒的硬度高,刃口锋利,但脆性大,适用于刃磨硬质合金车刀。

2. 车刀刃磨的方法与步骤

现以 90°硬质合金外圆车刀为例,介绍手工刃磨车刀的方法。

(1)先磨去车刀前面的焊渣,并将车刀底面磨平。可选用粒度号为 24# ~ 36# 的氧化铝砂轮。

(2)粗磨后面和副后面的刀柄部分,以形成后倾角。刃磨时,在略高于砂轮中心的水平位置外将车刀翘起一个比刀体上的后角大 2° ~ 3°的角度,以便容易刃磨刀体上的后角和副后角,如图 2 - 10 所示。可选用粒度号为 24# ~ 36#,硬度为中软的氧化铝砂轮。

(3)粗磨刀体上的后面。磨后面时,刀柄应与砂轮轴线保持平行,同时,刀底平面向砂轮方向倾斜一个比后角大 2°的角度。刃磨时,先把车刀已经磨好的后倾面靠在砂轮的外圆上,以接近砂轮的中心线水平位置为刃磨的起始位置,然后使刃磨位置继续向砂轮靠近,并作左右缓慢移动。当砂轮磨至刀刃处即可结束,如图 2 - 11(a)所示。这样可同时磨出 $K_r = 90°$的主偏角和后角。可选用磨粒号为 36# ~ 60#的碳化硅砂轮。

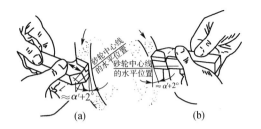

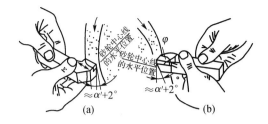

图 2-10　粗磨刀柄上的后面、副后面
(a)磨后面上后倾角；(b)磨副后面上后倾角

图 2-11　粗磨后角、副后角
(a)粗磨后角；(b)粗磨副后角

(4)粗磨刀体上的副后角。磨副后角时，刀柄尾部应向右转过一个副偏角 K_r'，同时车刀底平面向砂轮方向倾斜一个比副后角大 2°的角度，如图 2-11(b)所示，具体刃磨方法与粗刀体后面大体相同。不同之处是粗磨副后面时，砂轮应磨到刀尖处为止。这样，也可同时磨出副偏角 K_r' 和副后角 α。

(5)粗磨前面。以砂轮的端面粗磨出车刀的前面，并在磨前面的同时磨出前角 γ_o，如图 2-12 所示。

(6)磨断屑槽。手工刃磨断屑槽一般为圆弧形。刃磨前，应先将砂轮圆柱面与端面的交点处用金刚石笔或硬砂条修成相应的圆弧。刃磨时，刀尖可以向下或向上磨，如图 2-13 所示。但选择刃磨断屑槽部位时，应考虑留出刀头倒棱的宽度，刃磨的起点位置应该与刀尖、主切削刃离开一定距离，防止主切削刃和刀尖被磨塌。

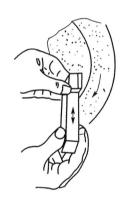

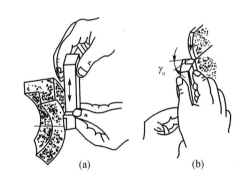

图 2-13　刃磨断屑槽的方法
(a)向下磨；(b)向上磨

图 2-12　粗磨前面

(7)精磨后刀面和副后刀面。选用粒度号为 80# 或 120# 的碳化硅环形砂轮。精磨前应先修整好砂轮，保证回转平稳。刃磨时将车刀底平面靠在调整好角度的托架上，并使切削刃轻轻靠住砂轮端面，并沿着端面缓慢地左右移动，保证车刀刃口平直，如图 2-14 所示。

(8)磨负倒棱。负倒棱如图 2-15 所示。刃磨有直磨法和横磨法两种方法，如图 2-16 所示。刃磨时用力要轻微，要使主切削刃的后端向刀尖方向摆动。负倒棱倾斜角度为 5°，宽度为 $b = (0.4 \sim 0.8)f$，为了保证切削刃的质量，最好采用直磨法。

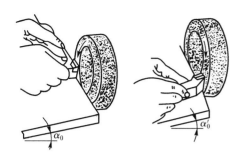
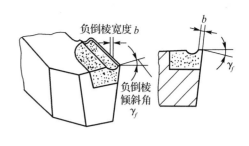

图 2 – 14 精磨后面和副后面　　　　　　　图 2 – 15 负倒棱

(9)用油石研磨车刀。在砂轮上刃磨的车刀,切削刃不够平滑光洁,这不仅影响车削工件的表面质量,也会降低车刀的使用寿命,而硬质合金车刀则在切削中容易产生崩刃,因此应用细油石研磨刀刃。研磨时,手持油石在刀刃上来回移动,动作应平稳,用力应均匀,如图 2 – 17 所示。研磨后的车刀应消除在砂轮上刃磨后的残留痕迹。

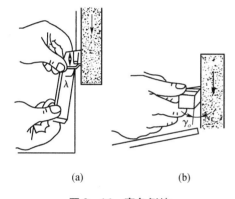

(a)　　　　　　　　(b)

图 2 – 16　磨负倒棱
(a)直磨法;(b)横磨法

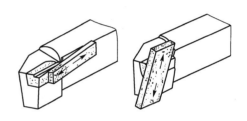

图 2 – 17　用油石研磨车刀

2.3.2　技能实训 2——车刀角度刃磨

1. 技能训练目标
(1)懂得车刀刃磨的重要意义。
(2)了解车刀的材料和种类。
(3)了解砂轮的种类和使用砂轮的安全知识。
(4)初步掌握车刀的刃磨姿势及刃磨方法。
2. 车刀角度刃磨训练图
图 2 – 18 是最基本刀具(45°、90°)的刃磨参数图,掌握 45°、90°角车刀的刃磨方法,其他车刀的刃磨也就迎刃而解了。
3. 训练设备与器材
(1)砂轮机　　　　　　　　　　　　　　　　　　　　　　　　　　一台
(2)45°、90°的外圆车刀　　　　　　　　　硬质合金与高速钢材料的各两把
4. 车刀刃磨步骤
(1)粗磨主后刀面、副后刀面,同时磨出主后角、副后角。

（2）粗磨前刀面,同时磨出前角。

（3）精磨前刀面,磨成前角。

（4）精磨后刀面,磨出后角,同时形成主偏角。

（5）精磨副后刀面,磨出后角,同时形成副偏角。

（6）修磨刀尖圆弧。

5. 操作注意事项

（1）车刀刃磨时不宜用力过大,以防打滑伤手。

（2）车刀高低必须控制在砂轮水平中心线上,刀头略向上翘,否则会出现后角过大或者有负后角的现象。

（3）车刀刃磨时应作水平左右移动,以免砂轮表面出现凹痕。

（4）在平行砂轮上磨刀时,尽可能避免磨砂轮的侧面。

（5）磨刀时要带防护镜。

（6）刃磨硬质合金车刀时,不可把刀头部分放入水中冷却,以防刀头因突然冷却而碎裂;刃磨高速钢车刀时,应随时放入水中冷却,以防车刀过热退火,降低硬度。

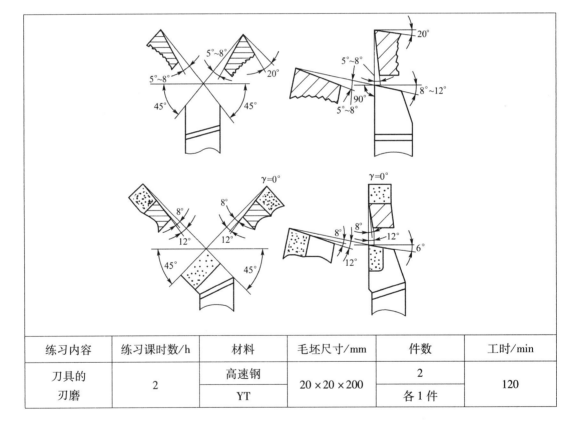

练习内容	练习课时数/h	材料	毛坯尺寸/mm	件数	工时/min
刀具的刃磨	2	高速钢	$20 \times 20 \times 200$	2	120
		YT		各1件	

图 2-18 车刀刃磨训练图

（7）重新安装砂轮后要进行检查,经试转后方可试用。

（8）刃磨结束后,应随手关闭砂轮电源。

（9）车刀刃磨的训练重点是掌握刃磨车刀的站立姿势和刃磨方法。

2.3.3　车刀的安装

车刀必须正确牢固地安装在刀架上,安装车刀应注意以下几点:

(1)刀头不宜伸出太长,否则切削时容易产生振动,影响工件加工精度和表面粗糙度;也不宜伸出过短,否则容易引起工件与刀架的干涉,损坏机床。一般刀头伸出长度不超过刀杆厚度的2倍,如图2-19所示。

(2)刀尖应与车床主轴中心线等高。车刀装得太高,后刀面与工件加剧摩擦;装得太低,切削时工件会被抬起,如图2-20所示。要使车刀刀尖与工件中心等高,可用钢直尺测量的方法装刀,如图2-21(a)所示;也可让刀具靠近尾座顶尖位置,用目测估计的方法来装夹车刀,如图2-21(b)所示。

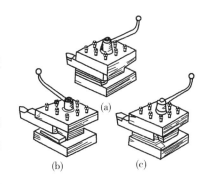

图 2 - 19　车刀装夹方法
(a)(b)不正确;(c)正确

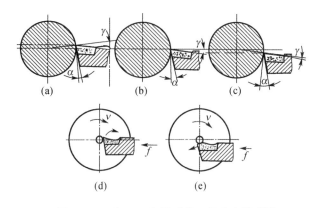

图 2 - 20　车刀刀尖不对准工件中心的后果
(a)(d)刀尖高于工件中心;(b)刀尖对准工件中心;(c)(e)刀尖低于工件中心

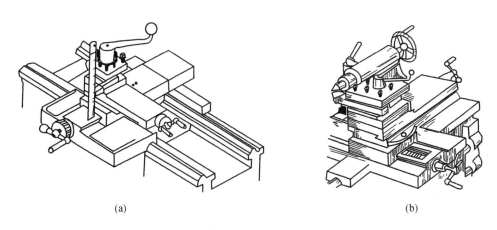

图 2 - 21　检查车刀中心高度的方法
(a)用钢直尺检查;(b)用尾座顶尖检查

（3）车刀底面的垫片要平整，并尽可能用厚垫片，以减少垫片数量。调整好刀尖高低后，至少要用两个螺钉交替将车刀拧紧。

2.4 车外圆、端面和台阶

2.4.1 三爪自定心卡盘安装工作

1. 用三爪自定心卡盘安装工件

三爪自定心卡盘的外部结构如图2－22(a)所示，使用起来方便且效率高。而它的内部结构比较复杂，其内部构造如图2－22(b)所示，当用卡盘扳手转动小锥齿轮时，大锥齿轮也随之转动，在大锥齿轮背面平面螺纹的作用下，使三个爪同时向心移动或退出，以夹紧或松开工件。它的特点是对中性好，自动定心精度可达到0.05～0.15 mm。可装夹直径较小的工件，如图2－23所示，是三爪自定心卡盘安装工件的不同方法；当装夹直径较大的外圆工件时，可用三个反爪。但三爪自定心卡盘由于夹紧力不大，一般只适宜于质量较轻的工件；当质量较大的工件进行装夹时，宜用四爪单动卡盘或其他专用夹具。

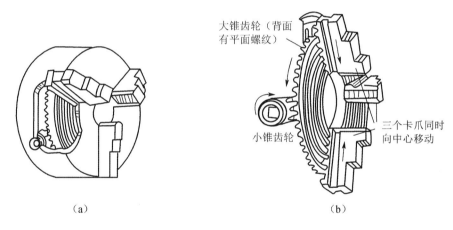

（a）   （b）

图2－22 三爪自定心卡盘的结构

(a)外部结构；(b)内部结构

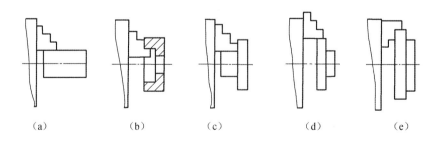

（a）   （b）   （c）   （d）   （e）

图2－23 三爪自定心卡盘安装工件举例

(a)夹持棒料；(b)用卡爪反撑内孔；(c)夹持小外圆；
(d)夹持大外圆；(e)用卡爪夹持大直径工件

2. 用一夹一顶安装工件

对于一般较短的回转体类工件,较适宜用三爪自定心卡盘装夹,但对于较长的回转体类工件,用此方法则刚性较差。所以,对一般较长的工件,尤其是较重要的工件,不能直接用三爪自定心卡盘装夹,而要用一端夹住,另一端用后顶尖顶住的装夹方法。为了防止工件的轴向位移,需要在卡盘内装一限位支撑,如图 2 - 24(a)所示,或者利用工件台阶限位,如图 2 - 24(b)所示。这种装夹方法能承受较大的轴向切削力,且刚性大大提高,同时可提高切削用量,因此应用十分广泛。

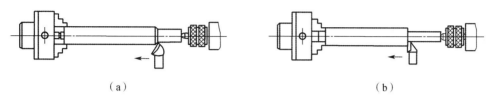

（a）　　　　　　　　　　　　　　　（b）

图 2 - 24　一夹一顶装夹工件
（a）采用限位支撑；（b）利用工件台阶限位

2.4.2　车削外圆

加工外圆柱面的车削是车削外圆,车削外圆是车削加工中的基本操作。其加工过程包括以下几个步骤：

1. 安装工件和校正工件

安装工件的方法主要有用三爪自定心卡盘或者四爪卡盘、心轴等(详见 2.9 节车床附件及其使用方法)。校正工件的方法有画针或百分表校正(图 2 - 61)。

2. 选择车刀

车外圆可用图 2 - 25 所示的各种车刀。直头车刀(尖刀)的形状简单,主要用于粗车外圆,或者加工没有台阶的外圆；弯头车刀不但可以车外圆,还可以车端面；偏刀主要用来车削带台阶的工件,由于它切削时径向力小,不易将工件顶弯,所以也常用来车削细长轴类工件。

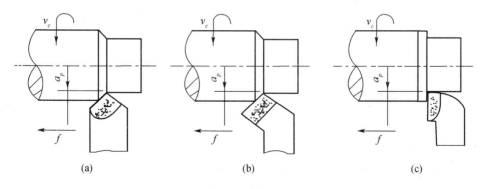

(a)　　　　　　　　　　　(b)　　　　　　　　　　　(c)

图 2 - 25　车削外圆
（a）直头车刀；（b）弯头车刀；（c）90°偏刀

3. 调整车床

车床的调整包括主轴转速和车刀的进给量。

主轴转速是根据切削速度计算选取的,而切削速度的选择则和工件车削材料、刀具材料以及工件加工精度有关。用高速钢车刀车削时,$v = 0.3 \sim 1$ m/s;用硬质合金车刀车削时,$v = 1 \sim 3$ m/s。车硬度大的钢比车硬度小的钢转速低一些。

根据选定的切削速度计算出车床主轴的转速,再对照车床主轴转速铭牌上的颜色与数字,选取车床上最近似计算值而偏小的一挡,然后按表 2-2 所示的手柄位置要求,扳动手柄即可。但特别要注意的是,必须在停车状态下扳动手柄。

表 2-2　CA6140 型车床主轴转速铭牌　　　　　　　　　　　　　单位:r/min

长手柄(颜色)	红 色		绿 色		黄 色		蓝 色	
短手柄(对应同颜色数字)	450	560	160	200	40	50	10	12.5
	710	900	250	320	63	80	16	20
	1 120	1 400	400	500	100	125	25	32

例如,用硬质合金车刀加工直径 $D = 200$ mm 的铸铁带轮,选取的切削速度 $v = 0.9$ m/s,计算主轴的转速为

$$n = \frac{1\ 000 \times 60 \times v}{\pi \times D} = \frac{1\ 000 \times 60 \times 0.9}{3.14 \times 200} \approx 99 \text{ r/min}$$

从主轴转速铭牌中选取偏小一挡的近似值为 80 r/min,即长手柄扳向黄颜色,短手柄扳向黄颜色数字 80。

进给量是根据工件加工要求来确定的。粗车时,一般进给量为 0.2 ~ 0.3 mm/r;精车时,视所需的表面粗糙度而定。例如,表面粗糙度 Ra 值为 3.2 μm 时,进给量选用 0.1 ~ 0.2 mm/r;表面粗糙度 Ra 值为 1.6 μm 时,进给量选用 0.06 ~ 0.12 mm/r。进给量的调整可对照车床进给量表扳动手柄位置,具体方法与调整主轴转速相似。

4. 粗车和精车

粗车的目的是尽快地切去多余的金属层,使工件接近最后的尺寸。在车床动力允许的条件下,通常切削深度和进给量大,转速不宜过快,以在合理时间内尽快把工件余量车掉。因为粗车对切削表面没有严格要求,只需要留一定的精车余量即可,一般应留下 0.5 ~ 1 mm 的精加工余量。由于粗车切削力较大,工件装夹必须牢靠。粗车的另一个作用是:及时发现毛坯材料内部的缺陷,如夹渣、砂眼、裂纹等,也能清除毛坯工件内部残余的应力,并防止变形。

精车的目的是切去余下少量的金属层以获得所求的精度和表面粗糙度,因此背吃刀量较小,为 0.1 ~ 0.2 mm,切削速度则可用较高或较低速度,初学者可用较低速度。为了使工件表面获得较小的粗糙度值,用于精车的车刀前、后刀面应采用机油磨光,有时刀尖磨成一个小圆弧。

为了保证加工的尺寸精度,应采用试切法车削。试切法的步骤如图 2-26 所示。

5. 刻度盘的原理和应用

车削工件时,为了正确迅速地控制背吃刀量,可以利用中拖板上的刻度盘。中拖板刻度盘安装在中拖板丝杠上。当摇动中拖板手柄带动刻度盘转一周时,中拖板丝杠也转了一周,这时固定在中拖板上与丝杠配合的螺母沿丝杠轴线方向移动了一个螺距,因此安装在中拖板上的刀架也移动了一个螺距,则有

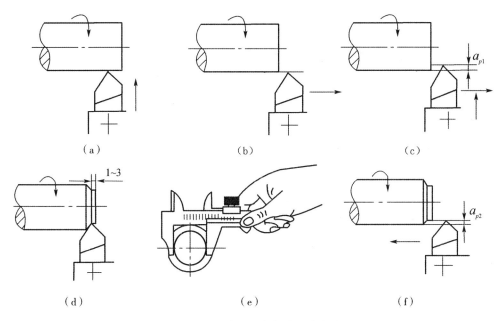

图2-26　试切法车削外圆的步骤

(a)开车对刀,使车刀轻轻与工件表面接触;(b)向右退出车刀;(c)按要求先进给一个深度a_{p1};
(d)试切1~3 mm;(e)退出,停车测量;(f)调整切深至a_{p2}后,自动车外圆

$$刻度盘每转一格时中拖板移动距离 = \frac{丝杠螺距}{刻度盘格数}$$

例如,CA6140普通车床中拖板丝杠螺距为5 mm,当手柄转过一圈时,刻度盘也随之转过一圈,这时刀架横向移动5 mm。若刻度盘圆周上等分100格,则当刻度盘转过一格时,刀架就移动了5/100 = 0.05 mm。

使用中拖板刻度盘控制背吃刀量时应注意以下事项:

(1)由于丝杠和螺母之间有间隙存在,因此会产生空行程(即刻度盘转动,而刀架并未移动),使用时必须慢慢地把刻度盘转动到所需要的位置,如图2-27(a)所示。若不慎多转过几格,不能简单地退回几格,如图2-27(b)所示,必须向相反方向退回全部空行程,再转到所需位置,如图2-27(c)所示。

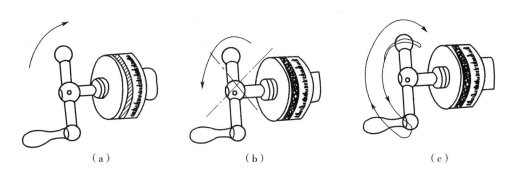

图2-27　刻度盘的正确使用方法

(a)慢慢转至所需位置;(b)若多转,不可简单退回几格;(c)若多转,须退回全部空行程

（2）由于工件是旋转的，所以使用中拖板刻度盘时，车刀横向进给后的切除量刚好是背吃刀量的两倍。因此要注意，当测得工件外圆余量后，中拖板刻度盘控制的背吃刀量是外圆余量的1/2，而小拖板或者大拖板刻度值则直接表示工件长度方向的切除量。

6.纵向进给

纵向进给就是进给到所需要长度时，关停机床自动进给手柄，手摇车刀离开工件，然后停车，检验工件。

2.4.3 技能实训3——一夹一顶车削外圆零件图

1．技能训练目标

（1）了解中心孔的种类、作用，掌握中心钻的选择、装夹和钻削方法。

（2）掌握一夹一顶装夹工件和车削工件的方法。

（3）学会调整尾座，找正车削过程中产生的锥度。

（4）遵守操作规程，养成良好的文明生产和安全生产习惯。

2．车削外圆零件图

按照图2-28的要求，采用一夹一顶的方法装夹工件，完成相关车削操作。

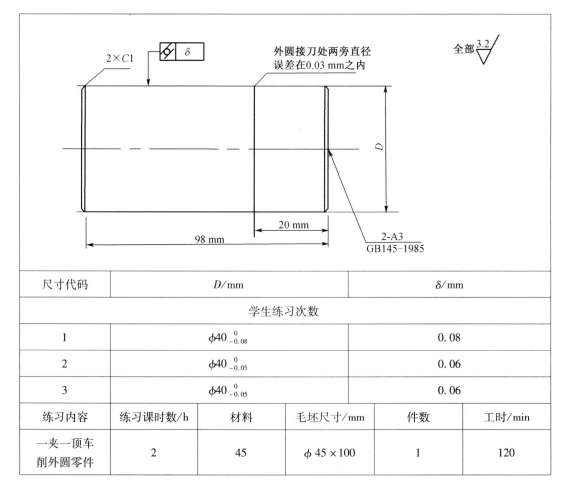

尺寸代码	D/mm	δ/mm
学生练习次数		
1	$\phi 40^{\ 0}_{-0.08}$	0.08
2	$\phi 40^{\ 0}_{-0.05}$	0.06
3	$\phi 40^{\ 0}_{-0.05}$	0.06

练习内容	练习课时数/h	材料	毛坯尺寸/mm	件数	工时/min
一夹一顶车削外圆零件	2	45	$\phi 45 \times 100$	1	120

图2-28 一夹一顶车削外圆零件图

3. 训练设备与器材

(1) CA6140 或者 C620 普通车床　　　　　　　　　　　　　　　　　　一台

(2) 45°、90°的外圆车刀　　　　　　　　　　硬质合金与高速钢材料的各一把

4. 一夹一顶车削外圆零件的步骤

(1) 夹持毛坯外圆,粗车外圆,留余量为 0.5 mm,车端面,钻中心孔。

(2) 掌握一夹一顶装夹工件和车削工件的方法。

(3) 学会调整尾座,找正车削过程中产生的锥度。

(4) 调头一夹一顶车削外圆至尺寸要求,倒角,结束加工。

5. 操作注意事项

(1) 一夹一顶车削,最好要求用轴向限位支撑,否则在轴向切削力的作用下,工件容易产生轴向移位。

(2) 顶尖不要顶得过松或者过紧。

(3) 车削过程中产生的铁屑不能用手直接清除,以防割破手指。

(4) 注意工件加工时的锥度方向性。

2.4.4　车削端面

端面常作为轴和盘类工件的工件基准,在加工中常先对工件的端面进行车削。如图 2-29 所示,车端面时车刀可以由外向工件的中心进给,也可以由中心向外进给。

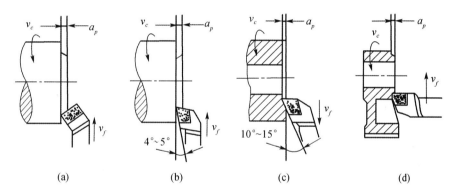

图 2-29　端面的车削方法

(a) 弯头车刀(向内);(b) 右偏刀(向内);(c) 右偏刀(向外);(d) 左偏刀(向内)

车削端面常采用 45°弯头车刀和右偏刀。车端面时应注意以下事项:

(1) 刀尖必须对准工件的旋转中心,否则工件中心的余料难以完全清除,在端面的中心处容易形成凸台,或崩断刀尖。

(2) 用 45°弯头车刀车端面时,中心的凸台是逐步车掉的,这样不易损坏刀尖。

(3) 用右偏刀由外向中心进给车削端面时,为避免损坏刀尖,在切近工件中心时应放慢速度。由于用右偏刀由外向中心进给车端面时用的是副切削刃,所以当切削深度较大时容易形成凹面,或者崩刃,一般通常采用的背吃刀量较小,粗车时 $a_p = 0.1 \sim 0.2$ mm;精车时 $a_p = 0.05 \sim 0.2$ mm。

(4) 在精车端面时,多采用由中心向外进给,以提高端面加工质量。

(5) 车削无孔的大端面时,多采用弯头车刀,为了防止刀架受切削力影响而产生移动,车

出凹面或凸台现象,应将床鞍固定在床身上。

2.4.5 车前台阶

车削台阶的方法与车削外圆基本相同,但在车削时应兼顾外圆直径和台阶长度两个方向的尺寸要求,还必须保证台阶平面与工件轴线的垂直度要求。

车削高度在 5 mm 以下的台阶时,可用主偏角为 90°的偏刀在车外圆时同时车出;车削高度在 5 mm 以上的台阶时,应分层进行车削。台阶的车削方法如图 2 – 30 所示。

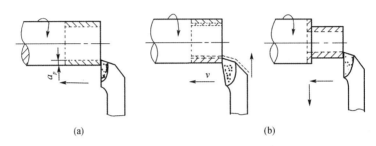

(a)   (b)

图 2 – 30　台阶的车削方法

(a)车低台阶;(b)车高台阶

车削台阶时,台阶长度尺寸的控制有如下方法:

(1)台阶长度尺寸要求较低时可直接用大拖板刻度盘控制。

(2)台阶长度可用钢直尺或样板确定位置,如图 2 – 31 所示。车削时先用刀尖车出比台阶长度略短的刻痕作为加工界线,台阶的准确长度可用游标卡尺或深度游标卡尺测量。

(3)台阶长度的尺寸精度要求较高且长度较短时,可用小拖板刻度盘控制其长度。

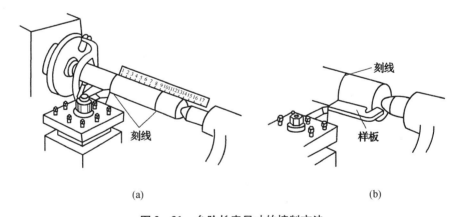

(a)   (b)

图 2 – 31　台阶长度尺寸的控制方法

(a)用钢直尺定位长度;(b)用样板定位长度

2.4.6 技能实训 4——车削台阶零件

1. 技能训练目标

(1)掌握车削台阶工件的方法。

(2)进一步掌握用画线盘找正工件外圆和端面的方法。

（3）掌握控制轴向尺寸和径向尺寸的方法。

（4）巩固用量具测量轴向和径向尺寸的方法。

（5）能较为合理地选择切削用量。

2. 车削台阶零件图

运用所学外圆、端面的车削方法，完成图 2 – 32 所示的台阶零件的车削任务。

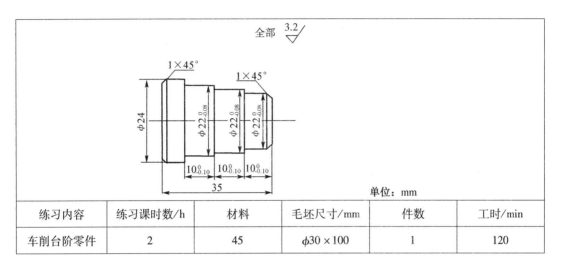

练习内容	练习课时数/h	材料	毛坯尺寸/mm	件数	工时/min
车削台阶零件	2	45	$\phi30 \times 100$	1	120

图 2 – 32　车削台阶零件图

3. 训练设备与器材

（1）CA6140 或者 C620 普通车床　　　　　　　　　　　　　　　　　　　　　一台

（2）45°、90°的外圆车刀　　　　　　　　　　　　硬质合金与高速钢材料的各一把

4. 车削台阶零件的步骤

（1）用三爪卡盘夹住工件，伸出长约 50 mm，找正并夹紧工件。

（2）粗车端面，粗、精车外圆 $\phi24$ mm，长度保证在 35.5 mm 左右。

（3）粗、精车外圆 $\phi22_{-0.08}^{0}$mm，并保证 $\phi24$ mm 外圆长度为 5.5 mm。

（4）接着粗、精车外圆 $\phi20_{-0.08}^{0}$mm，并保证 $\phi2_{-0.08}^{0}$mm 外圆长度为 $10_{-0.10}^{0}$mm。

（5）粗、精车外圆 $\phi18_{-0.08}^{0}$mm，并保证 $\phi20_{-0.08}^{0}$ mm 外圆长度为 $10_{-0.10}^{0}$ mm。

（6）精车端面，并保证 $\phi18_{-0.08}^{0}$mm 外圆长度为 $10_{-0.10}^{0}$mm，倒角为 $1 \times 45°$。

（7）倒角 $1 \times 45°$，切断，保证总长约 35 mm，卸下工件。

5. 操作注意事项

（1）台阶平面和外圆相交处要清角，车刀要有明显的刀尖。

（2）长度尺寸的测量应从一个基面量起，以防产生累加误差。

（3）使用游标卡尺测量工件时，松紧程度要适当。车床未停止前，不能测量工件。

（4）转动刀架时应防止车刀与工件、卡盘相撞。

（5）清除铁屑时要先停车，不能直接用手清除铁屑。

（6）戴好防护眼镜。

2.5 切槽、切断、车成形面和滚花

2.5.1 切槽

在工件表面上车沟槽的方法叫切槽,槽的种类有内槽、外槽和端面槽,切槽方法如图 2 - 33 所示。

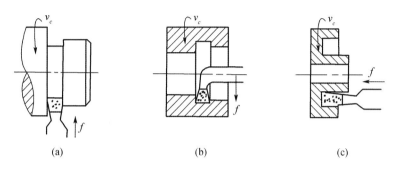

图 2 - 33 常见的切槽方法

(a)车外槽;(b)车内槽;(c)车端面槽

1. 切槽刀的选择与安装

常选用高速钢切槽刀切槽时,其形状与几何尺寸如图 2 - 34 所示。切槽刀有一条主切削刃和两条副切削刃,安装时,刀尖与工件轴线等高,主切削刃与工件轴线平行。

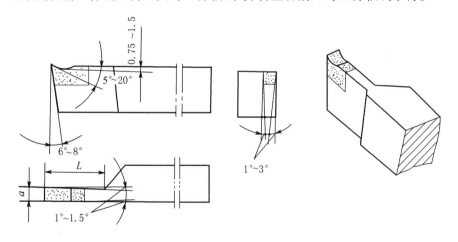

图 2 - 34 切槽刀的几何形状

2. 切槽的方法

(1)车削尺寸精度要求不高的和宽度较窄的矩形沟槽时,可以用刀宽等于槽宽的切槽刀,采用直进法一次车出。精度要求高的,一般分几次车削加工。

(2)车削较宽的沟槽,可用多次直进法切削,并在槽的两侧留一定的精车余量,然后根据槽深、槽宽精车至尺寸要求,如图 2 - 35 所示为宽槽切削方法。

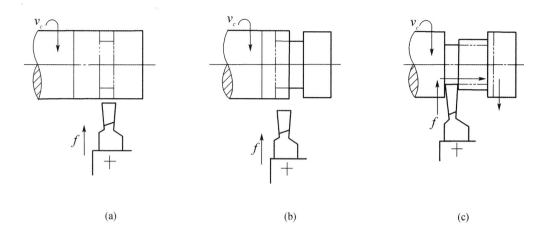

图 2 - 35　宽槽切削方法

（a）第一次直向进给；（b）第二次直向进给；（c）最后一次直向进给后，再以纵向进给精车槽底

（3）车削较小的圆弧形槽，一般都用成形车刀车削；车削较大的圆弧形槽，可用双手联运车削，用样板检查修整。

（4）车削较小的梯形槽，一般用成形车刀完成；车削较大的梯形槽，通常先车直槽，然后用梯形刀直进法或左右切削法完成。

2.5.2　切断

切断要用切断刀。切断刀的形状与切槽刀的形状相似，但刀头窄而长，很容易折断。由于切削时刀具要伸入工件中心，排屑和散热条件很差，所以常将切断刀的刀头高度加大，将主切削刃两边磨出斜刃，以利于排屑和散热。

常用的切断方法有直进法和左右借刀法两种，如图 2 - 36 所示。直进法常用于切断铸铁等脆性材料，左右借刀法常用于切断钢件等塑性材料。

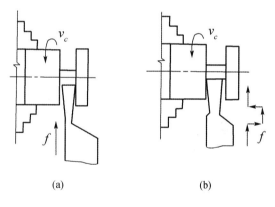

图 2 - 36　常用的切断方法

（a）直进法；（b）左右借刀法

切断时应注意以下几点：

（1）切断处应尽量靠近卡盘，以防切削时工件振动而无法切断工件，一般要求切断处距自动定心卡盘三爪外平面处的距离要小于切削工件的直径，如图 2 - 37 所示。

（2）切断刀的刀尖必须与工件中心等高，否则切断处将剩有凸台，且刀头处容易损坏，如图 2 - 38 所示。

（3）切断刀伸出刀架的长度不要过长，进给要缓慢均匀。将要切断时，必须放慢进给速度，以免刀头折断。

（4）切断钢件时，需要加切削液进行冷却润滑；切断铸铁时，一般不加切削液，必要时可用煤油进行冷却润滑。

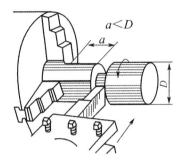

图 2-37 在卡盘上切断工件

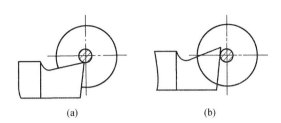

(a)　　　　　　　　(b)

图 2-38 切断刀刀尖必须与工件中心等高

（a）切断刀安装过低，不易切削；

（b）切断刀安装过高，刀具后面顶住工件，刀头易被压断

2.5.3 技能实训5——切断与切外沟槽

1. 技能训练目标

（1）了解切断刀和切槽刀的种类及用途。

（2）掌握切断刀和切槽刀的几何角度及其要求。

（3）掌握切断刀和切槽刀的刃磨方法。

（4）掌握用直进法和左右借刀法切槽与切断工件的方法及测量方法。

2. 切断和切外沟槽零件图

学生在老师的指导下，自己学习刃磨切断刀，按图 2-39 的要求练习切外沟槽和切断工件。

3. 训练设备与器材

（1）CA6140 或者 C620 普通车床　　　　　　　　　　　　　　　　一台

（2）切断刀、切槽刀和90°外圆车刀　　　　　硬质合金与高速钢材料的各一把

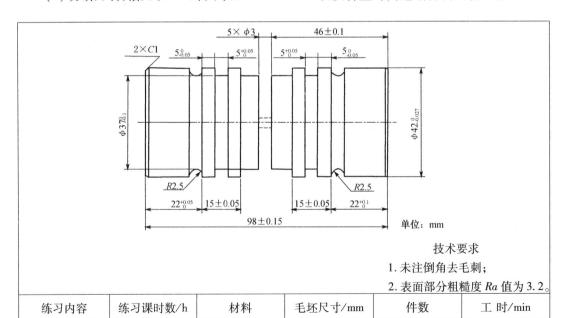

单位：mm

技术要求

1. 未注倒角去毛刺；

2. 表面部分粗糙度 Ra 值为 3.2。

练习内容	练习课时数/h	材料	毛坯尺寸/mm	件数	工 时/min
切断与切外沟槽	3	45	$\phi45 \times 100$	1	180

图 2-39 切断与切外沟槽图

4．切断和切外沟槽步骤

（1）按照以前学习刃磨车刀的方法，刃磨好切断刀的各个几何角度。

（2）夹持毛坯外圆，保证长度不小于 50 mm，光端面，粗、精车外圆 $\phi42$ mm，切槽和倒角时去毛刺。

（3）调头垫铜皮夹持尺寸为 $\phi42$ mm 的工件，伸长 55 mm，找正夹紧，车端面保证总长。

（4）粗、精车外圆 $\phi42$ mm，切槽、倒角去毛刺、切断，保证尺寸为（46 ± 0.1）mm。

5．操作注意事项

（1）刃磨切槽刀时，主、副偏角与副后角要对称，不可过大，否则刀头强度变差，易折断。

（2）刃磨切槽刀时，注意两侧刀刃与主刀刃之间的平直与对称。

（3）刃磨切槽刀时不可用力过猛，以防焊接处产生高温使刀片脱落。

（4）切槽刀安装时注意主切削刃的中线要与工件的轴线垂直。

（5）切槽刀使用过程中发现磨损，必须立即进行修磨，防止出现内槽狭窄、外口大的喇叭口形。

（6）由于槽刀的强度较差，所以要注意合理选择切削用量。

2.5.4　车成形面

用成形车刀或车刀按成形法或仿形法等方法车削工件的成形面称为车成形面。在车床上加工的成形面都是以工件表面素线为曲线的回转面。下面介绍三种加工成形面的方法。

1．样板刀车成形面

样板刀，就是指刀具切削部分的形状刃磨得和工件加工部分的形状相似。

样板刀可按加工要求制成各种形式。如图 2 – 40 所示的样板刀，其加工精度主要靠刀具保证。由于切削时接触面积较大，切削抗力也大，容易出现振动和工件移位，所以切削速度应取小些，工件装夹必须牢固。

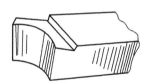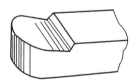

图 2 – 40　车成形面的车刀

2．仿形法车成形面

图 2 – 41 所示为用形法加工手柄的成形面。此时刀架的横向拖板已经与丝杠脱开，中拖板前端的拉杆装有滑动滚珠。当大拖板纵向走刀时，滑动滚珠在仿形曲线槽内复合移动，从而使车刀刀尖也随着作同样的曲线移动，同时用小刀架控制切深，即可车出手柄的成形面。这种方法加工成形面操作简单，生产率较高，因此多用于成批生产。当仿形槽为直槽时，可以将仿形槽扳转一定的角度，即可用于车削锥度。

3．双手控制法车成形面

单件加工成形面时，通常采用双手控制法车削成形面，即双手同时摇动小拖板手柄和中拖板手柄，并通过双手协调控制动作，使刀尖走过的轨迹与所要求的成形面曲线相仿，如图 2 – 42 所示。这种方法的特点是灵活、方便，不需要其他辅助工具，但加工精度一般，并且操作人员需要较高的技术水平,所以对于车工操作初学者,经常练习双手控制法车成形面,可以较快地掌握车床操作方法。

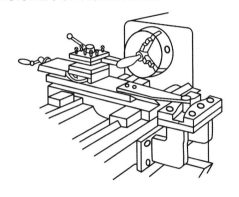

图 2 −41　仿形法车成形面

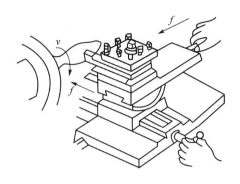

图 2 −42　用双手控制法车成形面

2.5.5　技能实训 6——车削单球手柄

1．技能训练目标

(1)了解圆球的作用和加工圆球时的精度计算方法。

(2)掌握车圆球的步骤和方法。

(3)根据图样要求,用千分尺、半径规、样板规和套环等对圆球进行测量检查。

(4)掌握简单的表面修光方法。

2．车削单球手柄零件图

零件上轴向剖面呈曲线形的表面称为成形面。图 2 − 43 所示为零件上的球形面。此类表面在车床上可用双手控制法车削。

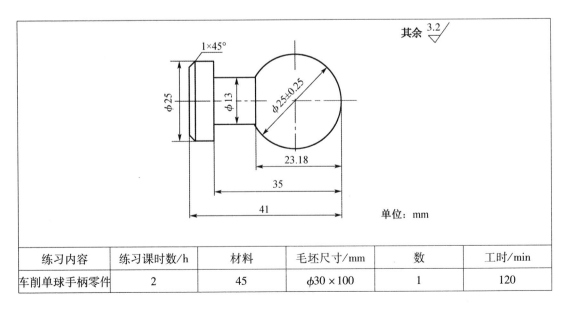

练习内容	练习课时数/h	材料	毛坯尺寸/mm	数	工时/min
车削单球手柄零件	2	45	$\phi30 \times 100$	1	120

图 2 −43　车削单球手柄零件图

3. 训练设备与器材

(1) CA6140 或者 C620 普通车床　　　　　　　　　　　一台

(2) 圆弧刀、90°的外圆车刀　　　　　硬质合金与高速钢材料的各一把

4. 车削单球手柄零件的步骤

(1) 用三爪卡盘卡住工件,伸出长约 55 mm,并找正。

(2) 粗、精车端面及外圆 ϕ25 mm,长约 42 mm。

(3) 车槽 ϕ13 mm,长 11.82 mm,并保证尺寸 23.18 mm。

(4) 用圆头车刀粗、精车球面至尺寸要求。

(5) 用锉刀、砂布修整抛光球面,并用专用样板检查。

(6) 倒角 1×45°,切断工件保证总长 41 mm。

5. 操作注意事项

(1) 初次车削球面要经常用 R 规测量,培养目测协调双手控制进给的能力,防止将球面车成扁球形或橄榄状球形。

(2) 用锉刀和砂布修光球形表面时要注意运动方向和安全操作。

(3) 圆弧车刀应对准工件中心,要保持车刀锋利。

2.5.6　技能实训 7——车削机床手柄

1. 技能训练目标

(1) 了解车削成形面的圆弧刀刃磨方法。

(2) 学会圆弧中心的计算方法。

(3) 掌握用双手控制法车削圆弧面的技巧。

(4) 掌握手动抛光圆弧面的方向与力度。

2. 车削机床手柄零件图

按照图 2-44 所示的要求,采用双手控制法完成相关车削工作。

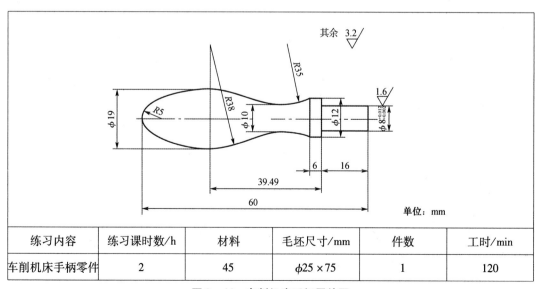

练习内容	练习课时数/h	材料	毛坯尺寸/mm	件数	工时/min
车削机床手柄零件	2	45	ϕ25×75	1	120

图 2-44　车削机床手柄零件图

3．训练设备与器材

（1）CA6140 或者 C620 普通车床　　　　　　　　　　　　　　　　　　一台

（2）圆弧车刀、90°的外圆车刀　　　　　　　　硬质合金与高速钢材料的各一把

4．双手控制法车削机床手柄零件的步骤

（1）夹住外圆车平端面，并钻中心孔。

（2）工件伸出长约 65 mm，一夹一顶，粗车外圆 ϕ19 mm、长约 85 mm，ϕ12 mm、长约 38 mm 后，粗车 ϕ8 mm、长 16 mm，各留精车余量 0.5 mm 左右。

（3）从 ϕ12 mm 外圆的平面量起，长 14.5 mm 为中心线，用小圆头车刀车 ϕ10.5 mm 的定位槽。

（4）从 ϕ12 mm 外圆的平面量起，长约 6 mm 处开始切削，向 ϕ10.5 mm 的定位槽处移动车削 R35 mm 圆弧面。

（5）从 ϕ12 mm 外圆的平面量起，长 39.49 mm 处为中心线，在 ϕ19 mm 外圆上向左、向右方向车 R38 mm 圆弧面。

（6）精车 ϕ8 mm、长 16 mm 至尺寸要求，并包括 ϕ12 mm 外圆。

（7）精车 R5 mm 圆弧，直至工件与毛坯分离。

（8）调头垫铜皮，夹住 ϕ8 mm 外圆找正，用锉刀、砂布修整抛光圆弧面。

（9）用专用样板检查是否合格，合格后卸下工件。

5．操作注意事项

（1）车削成形面时，根据圆弧的切线方向不同，注意左右手的切削速度合理地协调搭配。

（2）精车 R5 mm 圆弧时，注意切离工件前圆弧面形状的完整性。

（3）用锉刀修光圆弧面时特别要注意安全操作，防止事故发生。

2.5.7　滚花

对于各种工具和机器零件的手握部分，为了便于握持和美观，常常在表面滚出各种不同的花纹，如千分尺的套管、铰杠的扳手以及螺纹的量规等。这些花纹一般是在车床上用滚花刀滚压形成的，如图 2-45 所示。花纹有直纹和网纹两种，滚花刀分直纹滚花刀、两轮网纹滚花刀和三轮网纹滚花刀三种结构，如图 2-46 所示。滚花是用滚花刀挤压，使零件表面产生塑性变形而形成花纹的。滚花的径向挤压力很大，因此滚花时工件的转速要低些，滚花前道工序的直径应小于要求的滚花直径 0.15～0.8 mm。另外还需要充分供给冷却润滑液，以免辗坏滚花刀和防止细屑滞塞在滚花刀内而产生乱纹。

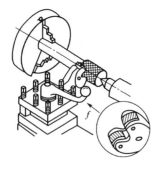

图 2-45　滚花

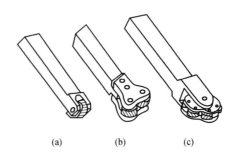

图 2-46　各种滚花刀

（a）直纹滚花刀；（b）两轮网纹滚花刀；（c）三轮网纹滚花刀

2.6　车 圆 锥 面

将工件车削成圆锥表面的方法称为车圆锥。圆锥面分为外圆锥面和内圆锥面两种,在车床上主要是车外圆锥面。车圆锥面必须满足的条件是刀尖与工件轴线等高,刀尖在进给运动中的轨迹是一直线,且该直线与工件轴线的夹角等于圆锥角半角 $\alpha/2$,主要技术参数见表 2-3。

表 2-3　车圆锥面的主要技术参数

尺寸名称	代号	计算公式
α—圆锥角　　d—最小圆锥直径 D—最大圆锥直径　d_x—给定截面圆锥直径 L—圆锥长度　　$\alpha/2$—圆锥角半角		
斜度	s	$s = \tan \dfrac{\alpha}{2} = \dfrac{D-d}{2L} = \dfrac{C}{2}$
锥度	C	$C = \tan \alpha = \dfrac{D-d}{L}$
最大圆锥直径	D	$D = d + L\tan \alpha = d + CL = d + 2L_s$
最小圆锥直径	d	$d = D - L\tan \alpha = D - CL = D - 2L_s$

常用车圆锥面的方法有宽刀法、转动小刀架法、靠模法、尾座偏移法等几种。

2.6.1　转动小刀架法

当加工锥面不长的工件时,可用转动小刀架法车削。车削时,将小拖板下面的转盘上两个螺母松开,把转盘转至所需要的圆锥半角的刻线上,与基准零线对齐,然后固定转盘上的两个螺母,如果锥角不是整数,可在刻度附近估计一个值,然后手动进行锥面加工。这种方法不受锥角大小限制,内外锥面都可以加工,如图 2-47 所示。但锥面的长度受小拖板的行程限制,所以转动小刀架法只能加工短锥面,而且手动加工质量不易保证。

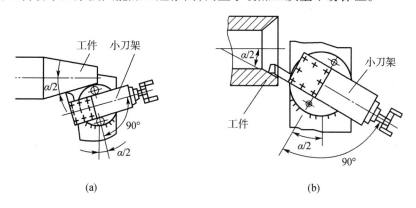

（a）　　　　　　　　　　　　　　　　　（b）

图 2-47　转动小刀架法车圆锥面方法

（a）车外圆锥面;（b）车内圆锥面

2.6.2 宽刀法

车削较短的圆锥时,可以用宽刃刀直接车出,如图 2 - 48 所示。其工作原理实质上是属于成形法的,所以要求切削刃必须平直,切削刃与主轴轴线的夹角应等于工件圆锥角半角。加工的时候,切削力比较大,所以要求车床有较好的刚性,否则易引起振动。当工件的圆锥斜面长度大于切削刃长度时,可以用多次接刀方法加工,但圆锥表面有接刀痕迹,加工精度不高,所以要求接刀处尽量平整。

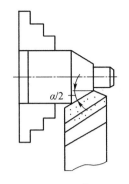

图 2 - 48 宽刀法车圆锥面

2.6.3 尾座偏移法

这种方法适用于加工精度要求不高、锥体较长而锥度较小的工件,如图 2 - 49 所示。方法是将尾座上的滑板横向偏移一个距离 $s = CL_0/2$(L_0 为工件全长,见表 2 - 3),使偏移后两顶尖连线与原来两顶尖中心线相交成一个 $\alpha/2$ 角度,尾座的偏向取决于工件大小两头在两尖端间的加工位置,正圆锥尾座向里移,反圆锥尾座向外移。这种方法适合任何卧式车床,还可以采用机动进刀车削圆锥面。但由于顶尖在中心孔中歪斜,接触不良,将使中心孔磨损不均匀,所以加工工件表面粗糙度较差。由于受尾座偏移量的限制,不能车削锥角大的工件及锥孔和整体锥形零件。

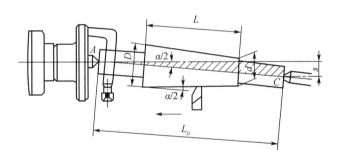

图 2 - 49 尾座偏移法车外圆锥面的方法

2.6.4 靠模法

使用这种装置,使车刀在纵向进给的同时,作相应的横向进给。由两个方向进给的合成运动使车刀刀尖轨迹与工件轴线所成夹角等于圆锥角半角 $\alpha/2$,从而车出圆锥面。如图 2 - 50 所示,靠模板绕中心轴线偏转的角度等于 $\alpha/2$。滑块在靠模板的导向槽内,通过螺栓与连接板相连接,连接板用螺钉与横向滑板固定连接。将横向进给丝杠与螺母脱开,小拖板转过 90°以便进刀,当床鞍纵向进给时,滑块在靠模板的导槽内移动,带动车刀在平行于导槽的方向上移动,车出需要的锥面。

靠模法车圆锥面由于有固定的加工装置,所以适用于批量和大量生产。

靠模法车圆锥面有如下特点:

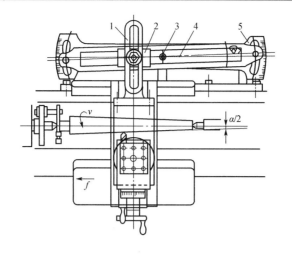

图 2 - 50　靠模法车圆锥面

1—连接板;2—滑块;3—销钉;4—靠模板;5—底座

(1)可以自动进给车内、外圆锥面,长或短圆锥面均可以车削。

(2)靠模校准较为简单,对于成批加工的工件,其锥度误差可控制在较小的公差范围内。

(3)车削较大的圆锥角的工件时,一般圆锥角半角 $\alpha/2$ 应小于 12°。圆锥角太大,下滑块在靠模板上将因阻力太大而不能自由滑动,影响装置的正常工作。

2.7　孔　加　工

车床上可以用钻头、镗刀、扩孔钻头、铰刀进行钻孔、镗孔、扩孔和铰孔。下面介绍钻孔和镗孔的方法。

2.7.1　钻孔

利用钻头将工件钻出孔的方法称为钻孔。钻孔的公差等级为 IT10 以下,表面粗糙度为 Ra 值 12.5 μm,一般多用于粗加工孔。在车床上钻孔的方法如图 2 - 51 所示,工件通常用卡盘安装,麻花钻安装在尾架上,手工转动尾架手柄,麻花钻直线进给。还可以在尾架上安装扩孔钻、铰刀及丝锥等,进行扩孔、铰孔和攻丝的操作。

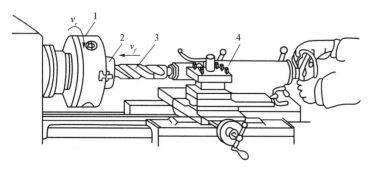

图 2 - 51　在车床上钻孔的方法

1—三爪卡盘;2—工件;3—麻花钻;4—尾架

钻孔时应该注意以下事项：

（1）在车床上钻孔时，通常先车端面，用中心钻打中心孔；

（2）切削速度不宜过大，开始钻削时应缓慢进给，以便钻头正确钻入工件；

（3）由于钻削时不易散热和排屑，所以钻削过程中应经常退出钻头断屑、排屑和冷却。

2.7.2 镗孔

在车床上对工件的孔进行车削的方法叫镗孔（也叫车孔），镗孔时工件安装在自定心三爪卡盘上，工件作旋转主运动，镗刀作直线进给。镗孔是对已经存在的孔进一步加工，它可以较好地纠正原有孔轴线的偏斜，可以进行粗加工、半精加工和精加工。

镗孔分为镗通孔和镗盲孔，如图 2-52 所示。加工方法基本上与车外圆相同，只是进刀和退刀方向相反，但在镗盲孔时要特别注意控制镗刀纵向位置，以免崩刀。注意通孔镗刀的主偏角为 45°~75°，盲孔镗刀主偏角大于 90°。

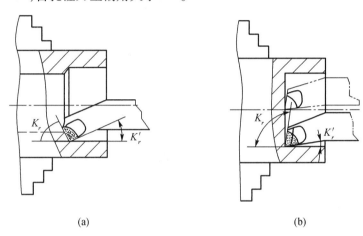

(a)   (b)

图 2-52　镗孔

（a）镗通孔；（b）镗盲孔

镗孔时应注意以下事项：

（1）镗刀刀杆刚性较差，容易产生自激振动和变形，应尽可能缩短伸出长度。

（2）镗刀安装时刀尖应略高于工件回转中心，以防扎刀或与孔壁相碰。

（3）在车床上镗孔时，进给量和切削深度不宜过大，以提高加工精度。

2.7.3 技能实训 8——车通孔

1. 技能训练目标

（1）掌握内孔车刀的刃磨方法与步骤。

（2）掌握内孔车刀的安装方法与车通孔的方法。

（3）掌握孔径的测量方法与孔径尺寸的控制方法。

2. 车通孔零件图

学生在老师的指导下，自学刃磨通孔车刀，按图 2-53 的要求练习车通孔。

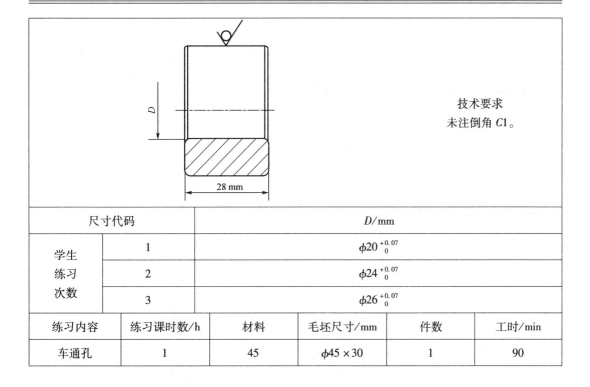

技术要求

未注倒角 C1。

尺寸代码		D/mm			
学生练习次数	1	$\phi 20^{+0.07}_{0}$			
	2	$\phi 24^{+0.07}_{0}$			
	3	$\phi 26^{+0.07}_{0}$			
练习内容	练习课时数/h	材料	毛坯尺寸/mm	件数	工时/min
车通孔	1	45	$\phi 45 \times 30$	1	90

图 2－53　车通孔零件图

3. 训练设备与器材

(1) CA6140 或者 C620 普通车床　　　　　　　　　　　　　　　　一台

(2) 通孔镗刀、90°的外圆车刀　　　　　　　硬质合金与高速钢材料的各一把

4. 通孔车削步骤

(1) 按照学习过的刃磨车刀的方法,刃磨好通孔车刀的各个几何角度。

(2) 夹一端校正、夹紧,粗、精车孔至尺寸 D,倒角。

(3) 调头找正夹紧,倒角去毛刺,加工完毕。

5. 操作注意事项

(1) 刃磨内通孔车刀时,前刀面略下沉。尽量增加刀杆截面积,提高车刀强度。

(2) 卷屑槽不可太宽,防止排屑困难。

(3) 车通孔时拖板进、退刀的方向与车外圆相反。

(4) 用内径百分表测量孔径时,孔的余量须小于 0.3 mm。

(5) 内孔车刀的刚性比较差,需要保持刀刃的锋利并合理选择切削用量。

(6) 用内径百分表测量孔径时要注意百分表的读法,防止读错数字。

2.8　车　螺　纹

在机械制造工业中,螺纹的应用很广泛。例如,车床的主轴与卡盘连接,方刀架上螺钉对刀具的紧固,丝杠与螺母的传动等。螺纹的种类很多,按螺距单位分有公制螺纹与英制螺纹;按牙型分有三角螺纹、方牙螺纹、梯形螺纹等,如图 2－54 所示。其中普通公制三角螺纹应用最为广泛。

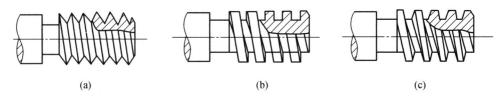

图 2 – 54　螺纹的种类

(a)三角螺纹;(b)方牙螺纹;(c)梯形螺纹

2.8.1　普通三角螺纹的基本牙型

普通三角螺纹的基本牙型如图 2 – 55 所示,各基本尺寸的名称如下:

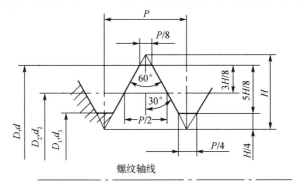

图 2 – 55　普通三角螺纹的基本参数

D——内螺纹大径(公称直径);

d——外螺纹大径(公称直径);

D_2——内螺纹中径;

d_2——外螺纹中径;

D_1——内螺纹小径;

d_1——外螺纹小径;

P——螺距;

H——螺纹理论高度。

决定螺纹的基本要素有如下三个:

(1)牙型角 α。它是螺纹轴向剖面内的螺纹两侧面夹角;公制螺纹 $\alpha = 60°$,英制螺纹 $\alpha = 55°$。

(2)螺距 P。它是沿轴线方向上相邻两牙间对应点的距离。

(3)螺纹中径 $D_2(d_2)$。它是平分螺纹理论高度 H 的一个假想圆柱面的直径。在中径处的螺纹牙厚和槽宽相等;只有内外螺纹中径都一致时,螺纹才能很好地配合。

2.8.2　低速车削普通螺纹的进刀方法

低速车削螺纹时,一般都选用高速钢车刀。低速车削螺纹精度高,表面粗糙度值小,但车削效率低。低速车削时,应根据机床和工件的刚性、螺距的大小选择不同的进刀方法。低速车削普通螺纹的进刀方法有三种。

1. 直进法

车削时,在每次往复行程后,车刀沿横向进给,通过多次行程,把螺纹车成形,如图 2 - 56 (a)所示。

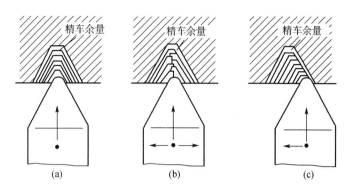

图 2 - 56　低速车削三角螺纹的进刀方法

（a）直进法;（b）左右切削法;（c）斜进法

2. 左右切削法

车削过程中,在每次往复行程后,除了作横向进刀外,同时利用小拖板使车刀向左或向右作微量进给(俗称赶刀),这样重复几次行程即螺纹车削成型,如图 2 - 56(b)所示。

采用左右切削法车削,车刀单刃车削,不仅排屑顺利,而且不易扎刀。精车时,车刀左右进给量一般应小于 0.05 mm,否则易造成牙底过宽或牙底不平。

3. 斜进法

粗车时,为了操作方便,在每次往复行程后,除中拖板横向进给外,小拖板只向一个方向作微量进给,这样重复几次行程即把螺纹车削成型,如图 2 - 56(c)所示。

斜进法也是单刃车削,不仅排屑顺利,不易扎刀,且操作方便,但只适用于粗车。精车时必须用左右切削法才能保证螺纹精度。

2.8.3　螺纹的车削加工

1. 保证正确的牙型

螺纹牙型的精度取决于螺纹车刀的刃磨与安装。螺纹车刀两侧刃的夹角(刀尖角)应等于牙型角 α,且前角 $\gamma_o = 0°$,如图 2 - 57 所示。粗车螺纹时,为了改善切削条件,可用有正前角的车刀。

车刀刀尖必须与工件中心等高,否则螺纹的截面形状将会改变。此外,车刀刀尖角的等分线须垂直于工件旋转中心线。为了保证这一要求,应用对刀样板来安装车刀,如图 2 - 58 所示。

2. 保证螺距 P

CA6140 车床车螺纹时工件由主轴带动,车刀由丝杠带动,且必须保证工件每转一转,车刀纵向移动一个螺

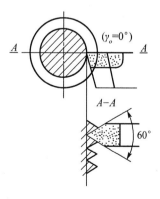

图 2 - 57　普通螺纹车刀的
刃磨角度

距。加工前根据工件的螺距 P，按进给箱上标牌指示改变交换齿轮组中齿数为 100 的齿轮位置。调整好以后还应进行试切，以核对螺距是否正确。

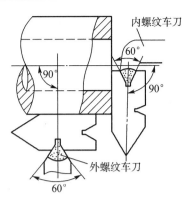

主轴通过换向机构、交换齿轮、进给箱和丝杠连接起来。调整主轴箱左上方换向机构手柄可改变丝杠旋转方向，以车削右旋或左旋螺纹。

螺纹车削经多次走刀才能完成。每次走刀时，必须保证刀尖落在已切出的螺纹槽中，否则会造成"乱扣"。一旦出现"乱扣"，工件即成废品。

如果车床丝杠的螺距 P 是工件螺距的整数倍，则每次切削完成后，可打开开合螺母，纵向摇回刀架，进行第

图 2-58 螺纹车刀的对刀方法

二次走刀，而不会乱扣。如果机床丝杠螺距不是工件螺距的整数倍，则不能打开开合螺母摇回刀架，只能采用主轴反转（俗称打反车）的方法使车刀纵向退回，再进刀车削。

2.8.4 螺纹的车削方法与步骤

下面以车外螺纹为例，讲解车削螺纹的方法与步骤（图 2-59）。

（1）启动机床，确定螺纹起始位置。让车刀与工件表面轻微接触，记下中拖板刻度盘读数。然后向右退出车刀，如图 2-59(a)所示。

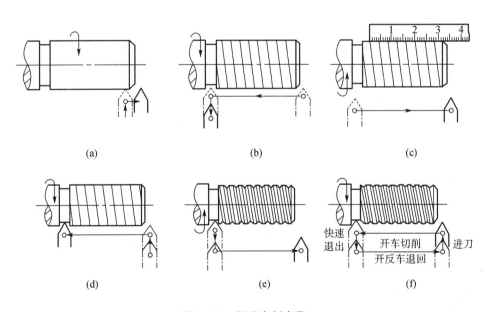

图 2-59 螺纹车削步骤

（2）合上开合螺母，在工件表面上试切出一条螺旋线，深度约为 0.05 mm，横向退出车刀，停止车削，如图 2-59(b)所示。

（3）开反车，使车刀退出工件的最右端，停车检验，用钢直尺检查螺距是否正确，如图 2-59(c) 所示。

（4）用刻度盘调整吃刀量，开车切削。螺纹的总背吃刀量 a_p 按其与螺距 P 的关系以经验公式 $a_p \approx 0.65P$ 确定，每次的背吃刀量约 0.1 mm，如图 2-59(d)所示。

(5)车刀快到行程终点时,应做好退刀停车的准备,一到终点,先快速退车刀,然后停车,开反车退回刀架,如图 2 - 59(e)所示。

(6)继续再次横向进刀,继续切削至车出正确的牙型,如图 2 - 59(f)所示。

2.8.5　螺纹车削注意事项

(1)车削螺纹前要检查组装配换齿轮的间隙是否恰当。把主轴变速手柄放在空挡位置,用手旋转主轴,判断是否有过重或空转量过大的现象。

(2)开合螺母必须正确合上,如感到未合好,应立即提起,重新进行。

(3)车削无退刀槽的螺纹时,要特别注意螺纹的收尾在 1/3 圈左右,每次退刀要均匀一致,否则会撞到刀尖。

(4)车削螺纹时,要始终保持刀刃锋利。如中途换刀或磨刀后,必须重新对刀以防乱扣,并重新调整中拖板的刻度。

(5)粗车螺纹时,要留适当的精车余量。

2.8.6　技能实训 9——车三角形外螺纹

1. 技能训练目标

(1)了解三角形螺纹的用途和技术要求。

(2)能根据工件螺距,查阅车床进给箱的铭牌表及调整手柄位置和挂轮。

(3)能根据螺纹样板正确装夹车刀。

(4)掌握车三角形螺纹的基本动作和方法。

2. 车三角形螺纹零件图

用自己刃磨好的外螺纹车刀车削图 2 - 60 所示的外螺纹。

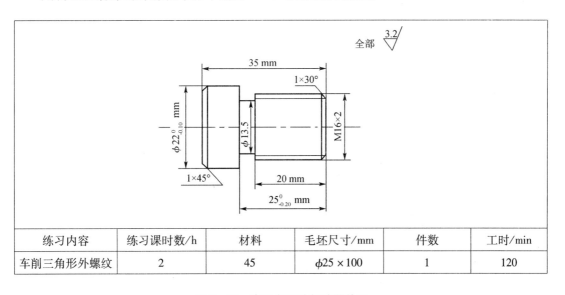

练习内容	练习课时数/h	材料	毛坯尺寸/mm	件数	工时/min
车削三角形外螺纹	2	45	$\phi 25 \times 100$	1	120

图 2 - 60　车三角形外螺纹零件图

3. 训练设备与器材

(1)CA6140 或者 C620 普通车床　　　　　　　　　　　　　　　　　　　一台

(2)三角形外螺纹车刀　　　　　　　　　　　　　　　　　　　硬质合金材料的一把

（3）切断刀、90°的外圆车刀　　　　　　　硬质合金与高速钢材料的各一把

4. 三角形外螺纹零件车削的步骤

（1）工件伸出长约 50 mm，找正夹紧。

（2）车端面，粗、精车削外圆 $\phi16$ mm、长 24 mm 至尺寸要求。

（3）车退刀槽 $\phi13.5$ mm，并控制尺寸 $25_{-0.20}^{0}$ mm 至尺寸要求，倒角 $1\times45°$。

（4）粗、精车三角形螺纹 M16×2，符合图样要求。

（5）用螺纹环规检查螺纹是否符合要求。

（6）粗、精车外圆 $\phi22_{-0.10}^{0}$ mm 至尺寸要求，长度大约为 12 mm。

（7）倒角 $1\times45°$，切断工件，保证总长度 35 mm。

5. 操作注意事项

（1）磨刀时要注意主、副刀刃的对称和平直，保证加工的螺纹牙型正确。

（2）车螺纹前要检查车床的手柄位置，防止出错。

（3）不可以用手或者棉纱擦工件，防止发生事故。

（4）车削时防止中拖板多进一圈，否则将造成工件和刀具的损坏，甚至发生事故。

（5）换刀后，要重新对刀，避免产生乱扣现象。

（6）合理运用进刀方式，避免产生崩刃与振纹。

2.9　车床附件及其使用方法

2.9.1　用四爪卡盘安装工件

四爪卡盘的夹紧力比较大，主要用于装夹截面为圆形、椭圆形、四方形或其他不规则形状的工件，安装较大的回转体工件时，装夹更可靠。

与三爪卡盘不同，四爪卡盘的四个卡爪都是独立移动的，因此不能自动定心找正工件。所以四爪卡盘的四个卡爪分别安装在卡盘体的四个卡槽内，通过扳手进行独立调整，其四个卡爪可以全部用正爪或反爪，也可以正、反爪混用，如图 2-61 所示。用四爪卡盘装夹工件时必须仔细找正，其找正精度可以达到 0.01 mm。

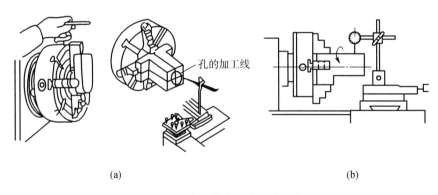

（a）　　　　　　　　　　　　　　　　　　　　　　（b）

图 2-61　四爪卡盘装夹工件及找正方法

（a）装夹工件；（b）工件找正

2.9.2　用顶尖安装工件

顶尖主要用于安装长径比较大的轴类工件,或者车削后尚有铣削、磨削等其他后续工序的工件。

常用的顶尖有普通顶尖(死顶尖)和活顶尖两种。活顶尖安装工件的精度不如普通顶尖高,通常在半精加工和粗加工时使用。用顶尖装夹工件时,必须先在工件端面钻出中心孔。当工件轴端直径较小不适于加工中心孔时,也可以将工件轴端车成圆锥,顶在反顶尖的中心孔中。

用顶尖装夹工件时,根据需要可以采用一卡一顶的装夹方式,工件一端采用三爪或四爪卡盘夹紧,另一端用尾架的后顶尖顶住,由卡盘带动旋转。也可以采用双顶尖夹紧方式,如图 2 – 62 所示。工件夹在两顶尖之间,前顶尖采用普通顶尖,安装在主轴

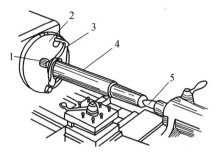

图 2 – 62　双顶尖装夹工件
1—前顶尖;2—拨盘;3—卡箍;
4—工件;5—后顶尖

锥孔中;拨盘安装在主轴上,卡箍的尾部插在拨盘的槽中,通过拨盘带动卡箍(俗称鸡心夹)随主轴及工件一起旋转;后顶尖装在尾加套筒中,为了避免调整切削时后顶尖中心孔磨损或烧坏,常采用活顶尖。当加工轴的精度要求较高时,后顶尖也用普通顶尖,但要选择适当的切削速度。

用顶尖安装工件时应注意:

(1)卡箍上的支撑螺钉不能支撑得太紧,以防工件变形;

(2)由于靠卡箍传递扭矩,所以车削工件的切削用量要小;

(3)钻两端中心孔时,要先用车刀把端面车平,再用中心钻钻中心孔;

(4)安装拨盘和工件时,首先要擦净拨盘的内螺纹和主轴端的外螺纹,把拨盘拧在主轴上,再把工件的一端装在卡箍上,最后安装在双顶尖中间。

2.9.3　用心轴安装工件

当以内孔为定位基准,并要保证外圆轴线和内孔轴线的同轴度要求时,可用心轴定位。工件以圆柱孔定位时常用圆柱心轴、小锥度心轴和弹性心轴。

圆柱心轴是以其外圆柱面定心、端面压紧来装夹工件的,如图 2 – 63 所示。心轴与工件孔一般使用 H7/h6、H7/g6 的间隙配合,所以工件能很方便地套在心轴上。但由于配合间隙大,一般只能保证同轴度在 0.02 左右。为了消除间隙,提高心轴定位精度,心轴可以做成锥体,但锥体的锥度很小,否则工件 在 心 轴 上 会 产 生 歪 斜。常 用 的 锥 度 为

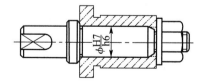

图 2 – 63　圆柱心轴上定位

$C = 1/5\ 000 \sim 1/1\ 000$,定位时工件楔紧在心轴上,楔紧后孔会产生弹性变形,从而使工件不倾斜,如图 2 –64 所示。

小锥度心轴的优点是靠楔紧产生的摩擦力带动工件,不需要其他夹紧装置;定心精度高,可达 0.005 ~ 0.01 mm。其缺点是工件的轴向无法定位,对于定位精度要求较高,且轴向

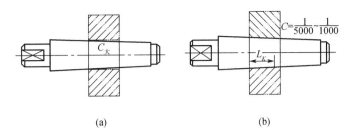

图 2-64 圆锥心轴安装工件的接触状态

(a)锥度太大；(b)锥度合适

必须要准确定位的工件,就要采用弹性心轴装夹工件。其夹紧原理与弹性夹头相似,如图 2-65所示,工件的孔经过精加工,用心轴的弹性筒夹和心轴的端面作定位基准,旋紧轴端螺母,通过锥体和锥套使弹性筒向外变形,将工件胀紧。

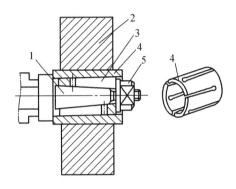

图 2-65 用弹性心轴装夹工件

1—锥轴;2—工件;3—锥套;

4—弹性筒夹;5—螺母

2.9.4 中心架与跟刀架的使用

当工件长度与直径之比大于 25 时,由于工件本身的刚性变差,在车削时,工件受切削力、重力和旋转时离心力的作用,会产生弯曲、振动,严重影响其圆柱度和表面粗糙度。同时,在切削过程中,工件受热伸长产生弯曲变形,车削很难进行,严重时会使工件在顶尖间卡住,此时需要用中心架或跟刀架来支撑工件。

1. 用中心架支撑车削细长轴

中心架主要用于加工阶梯轴,或者长轴的端面车削、打中心孔及加工内孔等。当工件可以进行分段切削时,中心架支撑在工件中间,如图 2-66 所示。中心架固定在车床的导轨上,车削中不再会有移动架,有三个支撑爪。安装中心架之前,必须先在毛坯中部车出一段支撑于中心架支撑爪的沟槽,其表面粗糙度值及圆柱度偏差要小,并要在支撑爪与工件接触处经常加润滑油。为提高工件精度,车削前应将工件轴线调整到与机床主轴回转中心同轴。

当车削支撑中心架的沟槽或一些中段不需加工的细长轴时,可用过渡套筒,使支撑爪与过渡套筒的外表面接触。过渡套筒的

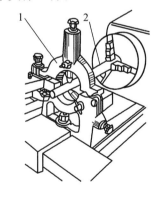

图 2-66 中心架

1—中心架;2—工件

两端各装有四个螺钉,用这些螺钉夹住毛坯表面,并调整套筒外圆的轴线与主轴旋转轴线相重合。

2. 用跟刀架支撑车削细长轴

跟刀架主要用于车削细长轴、光轴和丝杠之类的零件,如图 2-67 所示。跟刀架固定在床鞍上,一般有两个支撑爪,它可以随车刀移动,抵消径向切削力,提高车削细长轴的形状精度和减小表面粗糙度。图 2-67(a)所示为两爪跟刀架,此时车刀给工件的切削抗力 F_r' 使工件贴在跟刀架的两个支撑爪上,但由于工件本身所受的重力以及偶然的弯曲,车削时工件会瞬时离开

和接触支撑爪,因而产生振动。比较理想的跟刀架是三爪跟刀架,如图 2-67(b)所示,此时由三爪和车刀抵住工件,使之上下、左右都不能移动,车削时工件就比较稳定,不易产生振动。

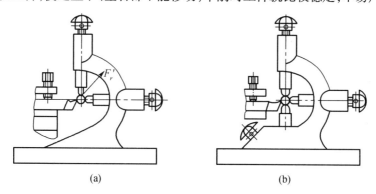

图 2-67 跟刀架支撑车细长轴

(a)两爪跟刀架;(b)三爪跟刀架

2.9.5 用花盘安装工件

当加工的工件扁且形状不规则,无法使用三爪或四爪卡盘装夹时,可用花盘装夹。花盘是安装在车床主轴上的一个大圆盘,盘面上的许多长槽用来穿放螺栓,工件可在花盘上自由定位,然后用螺栓和压板直接安装在花盘上,如图 2-68 所示。也可以把辅助支撑角铁(弯板)用螺钉牢固夹持在花盘上,工件则安装在弯板上,图 2-69 所示为加工一轴承座端面和内孔时在花盘上装夹的情况。由于工件不规则,重心容易偏向花盘一侧,所以要求必须在对称位置一侧用平衡铁来调整重心,避免在主轴转动时产生振动。用花盘装夹工件时,也需要仔细找正,然后夹紧。

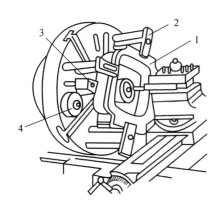

图 2-68 花盘安装工件

1—工件;2—压板;3—螺栓;4—平衡块

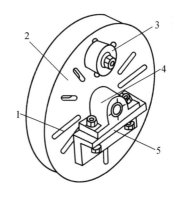

图 2-69 在弯板上安装工件

1—螺栓槽;2—花盘;3—平衡块;4—工件;
5—安装基面

2.9.6 技能实训 10——车削综合实训 1

1. 技能训练目标

(1)通过综合练习,进一步巩固、熟练、提高车削内外圆、台阶、沟槽的操作技能。

（2）能对一定复杂程度的工件进行工艺编写和加工,较为合理地选择切削用量。

（3）掌握工件质量分析方法,预防加工过程中产生废品。

（4）可以根据工件的不同要求,正确选择加工方法和检测量具。

2. 车削综合实训零件图

按图 2 - 70 的要求,应用前面所学加工知识和技能,在规定时间内完成产品加工。

3. 训练设备与器材

（1）CA6140 普通车床　　　　　　　　　　　　　　　　　　　　一台

（2）切断刀、90°的外圆车刀　　　　　　　　　　　硬质合金材料的各一把

（3）通孔镗刀、内孔切槽刀　　　　　　　　硬质合金或者高速钢材料的各一把

4. 综合车削实训步骤

（1）使工件伸出长约 82 mm,找正夹紧,车端面;粗车 $\phi44$ mm 外圆及粗车台阶外圆至尺寸 $\phi42$ mm、长度为 66 mm;钻通孔 $\phi18$ mm;粗、精车台阶及平底孔 $\phi24_{0}^{+0.03}$ mm、长度为 26 mm;切内沟槽 4 mm×2 mm;孔口倒角。

（2）工件调头装夹台阶外圆 $\phi42$ mm 部位处,校正夹紧;车端面保证总长为 96 mm;粗车 $\phi38$ mm 外圆至 $\phi40$ mm、长度为 20 mm;粗、精车 $\phi24_{0}^{+0.03}$ mm、长度为 26 mm;切内沟槽 4 mm×2 mm;孔口倒角。

（3）双顶装夹工件,精车外圆 $\phi38_{-0.021}^{0}$ mm、长度为 20 mm;精车外圆 $\phi44$ mm、 $\phi40_{-0.027}^{0}$ mm、 $\phi38_{-0.021}^{0}$ mm,并保证各段方向尺寸;切槽 4 mm×2 mm、4 mm×0.5 mm 两处;倒角去毛刺,加工完成。

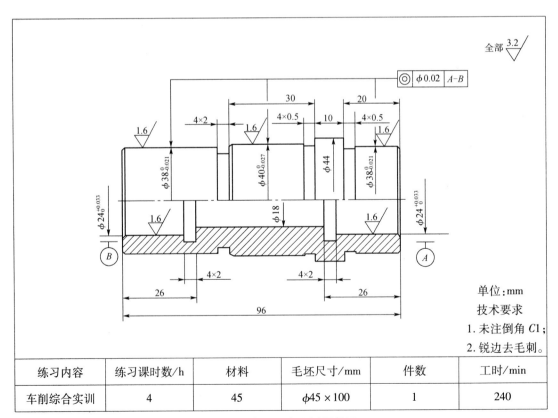

练习内容	练习课时数/h	材料	毛坯尺寸/mm	件数	工时/min
车削综合实训	4	45	$\phi45 \times 100$	1	240

图 2 - 70　车削综合实训零件图 1

5．操作注意事项

(1)注意工件的同轴度控制,利用双顶尖车削保证同轴度。

(2)注意工艺的编排对加工的影响,养成按工件图样和工艺进行加工的习惯。

(3)认真分析图样中的各项技术要求,养成重视零件质量的习惯。

(4)了解粗、精车基准对工件尺寸的影响。

(5)对学习的内容加深理解,改正以前练习时的错误。

2.9.7 技能实训11——车削综合实训2

1．技能训练目标

(1)通过综合练习,进一步巩固、熟练、提高车削内外圆、台阶、沟槽、成形面、锥体、三角螺纹的操作技能。

(2)巩固零件装夹的技巧与防止变形的能力。

(3)巩固各种刀具的刃磨技能与量具的使用技能。

(4)能独立选择合理的切削用量,并能编制工艺,进行加工。

2．车削综合实训零件图

按图2－71要求,运用前面所学车削加工知识和技能,在规定时间内完成锥形轴的加工。

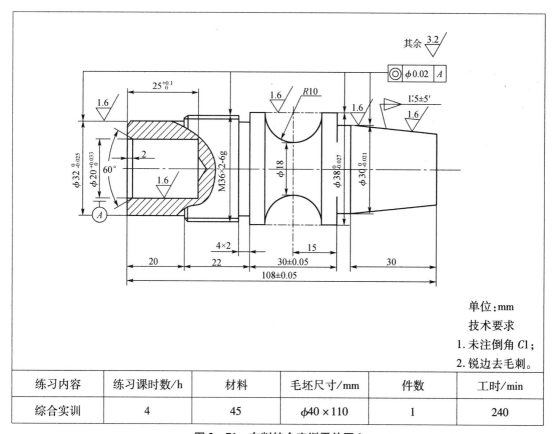

单位:mm

技术要求

1．未注倒角 C1;

2．锐边去毛刺。

练习内容	练习课时数/h	材料	毛坯尺寸/mm	件数	工时/min
综合实训	4	45	$\phi 40 \times 110$	1	240

图2－71 车削综合实训零件图2

3．训练设备与器材

（1）CA6140 普通车床　　　　　　　　　　　　　　　　　　　　一台

（2）螺纹车刀、90°的外圆车刀　　　　　　　　　　　　硬质合金材料的各一把

（3）盲孔镗刀、圆弧车刀　　　　　　　　　　　硬质合金或者高速钢材料的各一把

4．综合车削实训步骤

（1）检查毛坯材料，找正后夹紧，车端面，钻中心孔，车工艺台阶 $\phi 31$ mm、长度 30 mm 左右。

（2）夹持工艺台阶，校正夹紧，车端面保证总长为 108 mm，钻中心孔。

（3）夹持工艺台阶，一夹一顶，粗车外圆 $\phi 38$ mm 留余量为 1 mm，长度接近卡盘端面；车 M36×2 mm 外圆留余量为 1 mm，长度 41 mm 左右；车外圆 $\phi 32$ mm 留余量为 1 mm，长度 19 mm 左右。

（4）调头夹持 $\phi 33$ mm，一夹一顶，粗车外圆 $\phi 30$ mm 留余量为 1 mm，长度 35 mm 左右；车 R10 mm 圆弧槽，留 1 mm 左右余量。

（5）夹持 $\phi 39$ mm，用百分表校正，夹紧，钻孔 $\phi 18$ mm、深 25 mm；镗孔到 $\phi 20^{+0.033}_{0}$ mm、深 $25^{+0.31}_{0}$ mm，达到图样所要求尺寸，并倒角。

（6）两顶尖装夹，精车左端外圆 $\phi 32^{0}_{-0.025}$ mm、长度为 20 mm；车退刀槽 4 mm×2 mm，精车螺纹 M36×2-6g。

（7）调头，两顶尖装夹，精车外圆 $\phi 38^{0}_{-0.027}$ mm、$\phi 30^{0}_{-0.021}$ mm，保证中间轴向尺寸为（30±0.05）mm；精车 1:5 锥体至要求；倒角，去毛刺。

5．操作注意事项

（1）如果工件达不到质量要求，就要进行补缺练习，以跟上教学步伐。

（2）要逐渐养成按工艺规程加工零件的习惯。

（3）重视工件质量，使工件达到尺寸精度、形状和位置精度、表面粗糙度各项技术要求。

（4）培养生产时的加工能力和采用先进工艺提高加工精度的能力。

（5）树立质量第一、安全第一的思想，培养吃苦耐劳的精神。

第3章 铣削加工实训

铣削也是金属切削加工中的常用方法之一,在一般情况下,它的切削运动是刀具作快速的旋转运动,即主运动 v_c;工件作缓慢的直线运动,即进给运动 v_f。图 3-1 所示是铣削的应用范例,包括加工平面、台阶、斜面、沟槽、成形面、齿轮,以及切断等,另外在铣床上还能钻孔和镗孔等。

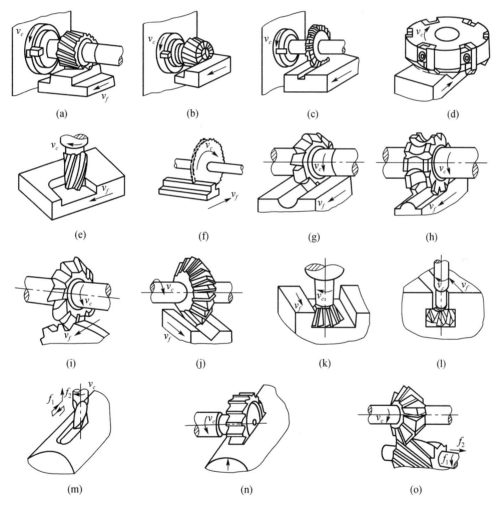

图 3-1 铣削加工实例

(a)铣平面 1;(b)铣台阶;(c)铣直角槽;(d)铣平面 2;(e)铣凹槽;(f)切断;
(g)铣凹圆弧面;(h)铣凸圆弧面;(i)铣齿轮;(j)铣 V 形槽;(k)铣燕尾槽;
(l)铣 T 形槽;(m)铣键槽;(n)铣半圆键槽;(o)铣螺旋槽

铣刀是一种旋转使用的多齿刀具。在铣削时,铣刀每个刀齿不像车刀和钻头那样连续地进行切削加工,而是间歇地进行切削加工。因此,刀刃的散热条件好,切削速度可以选择高些。铣削时经常是多齿进行切削,因此铣削的生产效率较高。由于铣刀刀齿的不断切入、切出,铣削力不断变化,故而铣削容易产生振动。

铣削加工的一般经济精度为尺寸公差等级达 IT10 – IT8 级,表面粗糙度 Ra 值为 6.3 ~ 1.6 μm。

3.1　常用的铣床

铣床的种类很多,最常见的是卧式铣床和立式铣床,两者区别的关键是前者主轴水平设置,后者竖直设置。这两种铣床有很强的通用性,主要用于单件、小批量生产尺寸不大的工件。

3.1.1　卧式万能升降台铣床

卧式万能升降台铣床简称万能铣床,其主轴是水平的。X6132 卧式万能升降台铣床旧型号为 X62W,它是铣床中应用最广的一种,其型号中各字母和数字的含义如下:

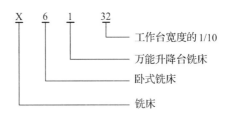

图 3 – 2 是 X6132 卧式万能升降台铣床结构图,它主要由下列部分组成。

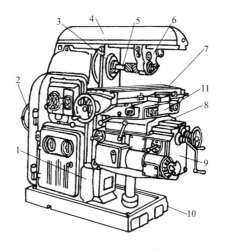

图 3 – 2　X6132 卧式万能升降台铣床
1—床身;2—电动机;3—主轴;4—横梁;5—刀杆;6—吊架;7—纵向工作台;
8—横向工作台;9—升降台;10—底座;11—转台

1. 床身

床身是机床的主体,用来安装和连接机床其他部件。床身一般用优质灰铸铁铸成,呈箱体,内部用筋条连接,以增加强度和刚度。床身的前壁有燕尾形的垂直导轨,用于升降台上下移动;床身的上面有水平导轨,横梁可在上面移动;床身内装有主轴和主运动变速系统及润滑系统,床身的后面部分装有电动机。

2. 横梁

横梁用来支撑铣刀心轴外端。拧紧床身侧面的两个螺母,可以把横梁固定在床身上;放松螺母,可以使横梁伸出需要的长度。横梁的一端与挂架相连,在铣床上加工大型工件时,可以用特种支架来支撑横梁,以减少切削时的振动。

3. 升降台

升降台用来支持工作台,并带着工作台上下移动。工作台还可以在升降台上横向移动。升降台下有一垂直丝杠,它不仅可以使工作台升降,还承受着升降台所受的重力。机床的进给传动系统中的电动机、变速机构和部分传动件都安装在升降台内。升降台上还有两个螺钉,用来紧固连接工作台和横梁的特种支架。

4. 纵向工作台

纵向工作台用来安装分度头、夹具和工件,并带着它们作纵向移动。工作台上面有三条 T 形槽,是用来安装 T 形螺栓的。工作台前侧面有一条 T 形槽,用来固定自动挡铁,以便实现半自动操纵。拧紧工作台下部前侧面的四个螺钉,可使纵向工作台固定不动。

5. 横向工作台

纵向工作台与升降台之间的一部分称为横向工作台,用来带动纵向工作台作横向(前后)移动,同时还能使工作台向左右转动。

6. 主轴及主传动系统

主轴及主传动系统用来使铣刀作旋转运动,以便切削工件。主传动系统由电动机、变速机构和主轴等组成。

7. 铣刀心轴(简称刀轴)

刀轴是用来安装铣刀的,它的一端是锥柄,用来安插在主轴锥孔中,另一端由安装在横梁上的挂架支撑,刀轴的转动直接由主轴带动。

8. 主传动系统电动机

主传动系统电动机通过变速机构中的齿轮使主轴作旋转运动。

9. 底座

底座用来承受铣床所受的全部重力,并盛放冷却润滑液。

3.1.2　立式铣床

如图 3-3 所示,立式铣床与卧式铣床在很多地方相似,不同的是:立式铣床的床身无顶导轨,也无横梁,而是前上部有一个立铣头,其作用是安装主轴和铣刀。通常立式铣床在床身与立铣头之间还有转盘,可使主轴倾斜成一定角度,用来铣削斜面。

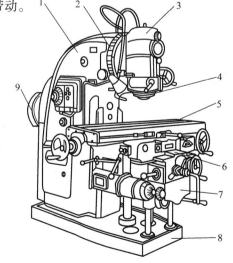

图 3-3　X5025A 型回转式升降台铣床

1—床身;2—刻度盘;3—立铣头;4—主轴;5—纵向工作台;
6—横向工作台;7—升降台;8—底座;9—电动机

3.2　铣刀及其安装

3.2.1　铣刀的种类

按照材料与使用性能来区分,铣刀可分为高速钢铣刀和硬质合金铣刀。

1. 高速钢铣刀

这类铣刀切削部分材料是高速钢,其结构有整体的,也有镶齿的。镶齿铣刀的刀齿为高速钢,刀体则为中碳钢或者合金结构钢,可以节约高速钢材料,不过镶齿结构比较复杂,多用于尺寸较大的场合。

(1)圆柱形铣刀。圆柱形铣刀主要用在卧式铣床上铣削平面,如图3-4(a)所示,中小型工件,以及工件上的狭长平面和收尾带圆弧的平面也有使用。不过,它的切削性能较差,生产率和加工的表面质量都不及端铣刀。因此,目前在铣削较大的平面时,几乎都使用硬质合金端铣刀。圆柱形铣刀的规格以外径和长度表示。

(2)三面刃铣刀。三面刃铣刀可加工台阶、小平面和沟槽,如图3-4(b)所示,主要用于卧式铣床。它的圆柱刀刃起主要切削作用,端面刀刃起修光作用。按照排列方式,刀齿可分为直齿和错齿两种。

直齿三面刃铣刀刀刃的整个宽度同时参加切削,因此每个刀齿切入和离开工件时,切削力的变动较大,铣削不平稳。不过这种铣刀制造和刃磨比较方便。

错齿三面刃铣刀的刀齿是一齿左斜,一齿右斜,交错排列的,以改善切削条件。目前,错齿三面刃铣刀使用得较多,并且为了节约高速钢,都采用镶齿结构。

(3)锯片铣刀。锯片铣刀用来切断工件,如图3-4(c)所示,主要用于卧式铣床。它是整体的直齿圆盘铣刀,因为很薄,所以只有圆柱刀刃。在相同外径下,按照数量多少,刀齿分为粗齿和细齿两种。粗齿锯片铣刀的刀齿数量少,容屑槽较大,排屑容易,切削轻快,在切断有色金属和非金属材料时应选用粗齿。

还有一种切口铣刀,它的结构和锯片铣刀相同,只是外径小得多,适用于在工件上铣切窄缝。

(4)立铣刀。立铣刀用来铣削台阶、小平面和沟槽,如图3-4(d)所示,主要用于立式铣床。立铣刀都带柄,小直径的为直柄,大直径的为莫氏锥柄。它的圆柱刀刃起主要切削作用,端铣刀起修光作用。立铣刀刀齿也有细齿和粗齿两种。细齿立铣刀刀齿的螺旋角比较小,粗齿立铣刀刀齿的螺旋角比较大。增大刀齿的螺旋角可使切削过程更加平稳,排屑顺利,有利于采用较大的进给量和铣削深度,以提高生产率。

(5)键槽铣刀。键槽铣刀主要用来铣削轴上的键槽,如图3-4(e)所示。它的外形与立铣刀相似,是带柄的,具有两个螺旋刀齿。它与立铣刀的主要差别是这种铣刀的端面刀刃直至中心,而立铣刀的端面刀刃不到中心。因此,键槽铣刀的端面刀刃也可以起主要切削作用,作轴向进给,直接切入工件。

还有一种半圆键槽铣刀,专门用来加工轴上的半圆键槽。

(6)角度铣刀。角度铣刀用来加工带有角度的沟槽和小斜面,如图3-4(f)所示,特别是加工多齿刀具的容屑槽。它分为单角度铣刀和双角度铣刀两种。双角度铣刀又分为对称双角度铣刀和不对称双角度铣刀。

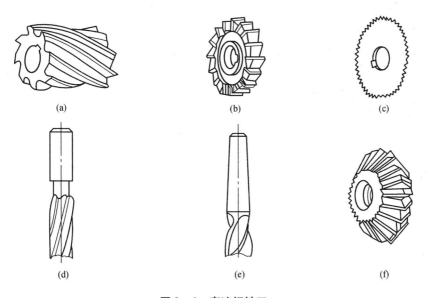

图 3 - 4　高速钢铣刀

(a)圆柱形铣刀;(b)三面刃铣刀;(c)锯片铣刀;(d)立铣刀;(e)键槽铣刀;(f)角度铣刀

还有许多高速钢形状的铣刀,可在有关铣工刀具手册中查到,这里不再一一叙述了。

2. 硬质合金铣刀

端铣刀、三面刃铣刀、立铣刀和键槽铣刀等,其切削部分均可采用焊接或机械装夹的硬质合金刀片,这就是硬质合金铣刀。

(1)硬质合金端铣刀。目前广泛应用这种铣刀铣削平面,其可用于立式铣床,也可用于卧式铣床。图 3 - 5(a)所示是一种装配式硬质合金端铣刀。它把硬质合金刀片焊在刀齿上,再用机械方法把刀齿夹固在刀体上。夹固刀齿的方法有使用楔块、螺钉及螺钉压板。刃磨这种铣刀可以使用专用磨床或者夹具整体刃磨,也可以体外刃磨,即把刀齿拆下来分别刃磨,然后借助于样板或百分表,把各个刀齿的位置安装一致。对于体外刃磨的硬质合金端铣刀,刀体上最好有微量调节刀齿位置的装置。

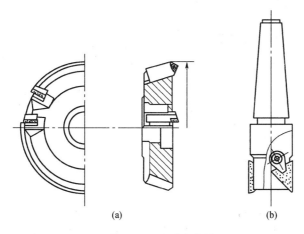

图 3 - 5　硬质合金铣刀

(a)硬质合金端铣刀;(b)不重磨式硬质合金立铣刀

（2）不重磨式硬质合金端铣刀。这种铣刀是直接把多边形刀片夹固在刀体上，刀刃磨钝后不再重磨，而是把刀片转过一个角度使用另一个尖角，这种铣刀与不重磨式车刀相似，刀片的装夹与注意事项也类似。使用不重磨式硬质合金端铣刀不但顺利解决了一般工厂中刃磨装配式端铣刀，不易保证各刀齿径向跳动和端面跳动的问题，更重要的是刀片没有焊接时产生的内应力和细小裂纹，因而能采用较大的切削速度和进给量，以提高生产率，同时也节约了刃磨的辅助时间。

（3）不重磨式硬质合金立铣刀。图3-5（b）所示为一种不重磨式硬质合金立铣刀。它是把三边形硬质合金刀片用螺钉压板夹固在刀体的槽中。这种铣刀结构简单、紧凑，零件少，但是刀片的定位精度取决于刀体的制造精度，不能调整。

3.2.2 铣刀的安装

1. 带孔铣刀的安装

圆柱形铣刀、三面刃铣刀、角度铣刀、半圆铣刀、齿轮盘铣刀和锯片铣刀都带孔，它们均安装在刀杆上，如图3-6所示。在不影响加工的情况下，应尽可能使铣刀靠近铣床主轴，并使支架尽量靠近铣口以增加刚性。铣刀装好后，应先把支架轴承装好，再拧紧锁紧螺母，把铣刀压紧；不应先拧紧锁紧螺母，后安装支架，以防刀杆弯曲，如图3-7所示。因为铣床主轴经常采用逆时针的旋转方向（站在支架端观看），所以锁紧螺母用右旋螺纹，以防松开。刀杆上垫圈的两端面必须保持平行，不得有毛刺或者粘有切屑、油污，以免把铣刀夹歪，或者把刀杆弄弯。刀杆上的平键力是传递扭矩用的。只有较薄的锯片铣刀不使用平键，而是单靠垫圈端面的摩擦力来带动。

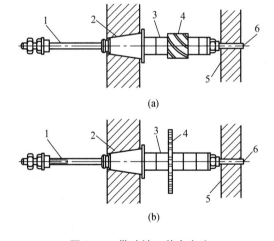

图3-6 带孔铣刀装夹方法

（a）圆柱形铣刀装夹；（b）锯片铣刀装夹

1—拉杆；2—主轴孔；3—刀垫；
4—铣刀；5—挂架；6—刀轴

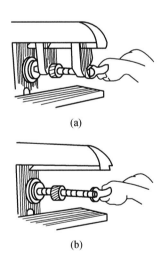

图3-7 铣刀紧固方法

（a）正确装刀动作；（b）不正确装刀动作

在安装铣刀时，应当注意铣刀的刃口必须和主轴旋转方向一致，否则不但无法切削，还会损坏铣刀。铣刀装好后，可用手反向转动主轴，借助百分表来检验铣刀的径向跳动或端面跳动。一般圆柱形铣刀的径向跳动公差在0.05 mm以内。如果超过这一公差，一方面会使加工表面的质量变差,另一方面会使铣刀部分刀齿负荷加重,磨损加剧。此时应检查各有关部分是否擦干净,例如主轴锥孔和刀杆的锥体部分、铣刀的孔和端面、各垫圈的端面,以及刀杆的外圆等处。同时可把垫圈转动一个位置再压紧,直到跳动在允许值以内为止。如果刀杆弯曲过大,则应校直后再使用。

　　2.带柄铣刀的安装

　　立铣刀、键槽铣刀、半圆键槽铣刀和 T 形槽铣刀都是带柄铣刀。其中直柄铣刀可用三爪卡盘或弹簧夹头安装,如图 3 – 8 所示。直径很小的直柄铣刀也可以用钻夹头安装。锥柄铣刀则直接安装在铣床主轴的锥孔中,或者使用过渡锥套。带柄铣刀安装好后,也可使用百分表检验它的径向跳动。如果超过跳动公差,应检查各有关部分是否干净,对于直柄铣刀,还可以把铣刀转过一个角度再夹紧,直到跳动减小为止。

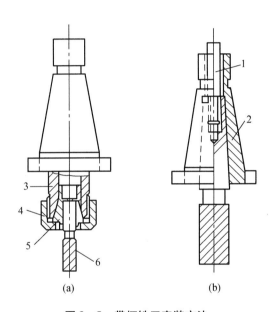

图 3 – 8　带柄铣刀安装方法
(a)直柄铣刀安装;(b)锥柄铣刀安装
1—拉杆;2—过渡锥套;3—夹头体;4—螺母;5—弹簧套;6—铣刀

3.3　铣 床 附 件

　　铣床与车床不一样,它的附件比较多,例如刀杆、平口钳、回转工作台和万能分度头等,现在分别叙述。

3.3.1　刀杆

　　刀杆如图 3 – 9 所示,用来安装铣刀,是铣床的一个主要附件。它与铣床主轴之间,一般采用锥度为 7∶24 的圆锥连接作为定心;个别铣床如工具铣床,也有采用莫氏锥度连接的。刀杆的后端用拉杆螺丝和锁紧螺母拉紧,并通过端面键和键槽传递扭矩。

　　卧式铣床使用的刀杆的外径有一定要求,它与带孔铣刀的孔径相适应。这种刀杆一般比较细长,要注意防止弯曲。如果刀杆弯曲了,就会使铣刀的刀齿局部参加切削,影响铣刀的寿命和加工表面的光洁度。因此,长刀杆要悬挂保存,不可平放。此外,刀杆不可敲打摔跌,要注意清洁,保存时要涂油防锈。

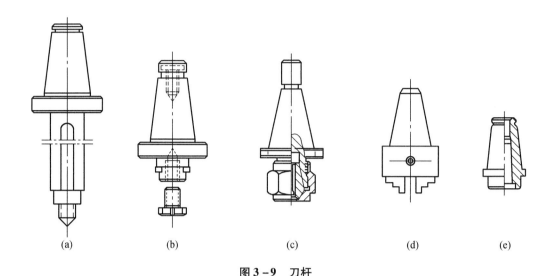

图 3 – 9　刀杆

(a)卧式铣床使用刀杆；(b)安装端铣刀的刀杆；(c)具有弹簧夹头的刀杆；

(d)具有三爪卡盘的刀杆；(e)具有莫氏锥孔套的刀杆

安装刀杆的方法是:首先把刀杆的锥柄和铣床主轴的锥孔擦干净,然后把刀杆插入主轴锥孔中,并且使刀杆凸缘上的槽与主轴的端面键相嵌,再将拉杆螺丝从主轴后端的孔中伸入,拧在刀杆柄部的螺孔内,至少要拧进 5 ~ 6 个螺纹牙,最后扳紧拉杆螺丝上的锁紧螺母,使刀杆与铣床主轴牢固连接在一起。

在拆卸刀杆时,应当先松开锁紧螺母,再轻轻敲打拉杆螺丝的端部,使刀杆的锥柄与主轴锥孔脱离,然后拧出拉杆螺丝,取下刀杆。

3.3.2　平口钳

平口钳主要用于安装小型的、较规则的工件,如板块类零件、盘套类零件、轴类零件,以及小型支架零件等。

图 3 – 10 所示为回转台的平口钳,主要由底座、钳身、固定钳口、活动钳口、钳口铁,以及螺杆组成。底座下有定位键,安装时将定位键放在工件台的 T 形槽内,即可获得正确的位置。松开钳身上的压紧螺母,钳身可以扳转一定的角度。

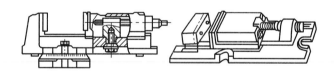

图 3 – 10　平口钳

平口钳在使用的时候,工件安装在固定钳口与活动钳口之间,工件待加工表面必须高于钳口;工件的定位面紧贴固定钳口,不能有空隙;刚性不足的工件需要采用辅助支撑,以免夹紧力使工件变形。

3.3.3 回转工作台

回转工作台常用于较大零件的分度加工,以及圆弧面、圆弧槽的加工。一般工件放在工作台上,先预紧,然后找正定位,再压紧加工完成任务。回转工作台的外形如图3-11所示。

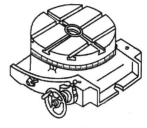

图3-11 回转工作台

3.3.4 分度头

分度头是铣床上的一个重要附件,常用来安装工件铣斜面、进行分度工作,以及加工螺旋槽等。分度头操作过程中有一定难度,这里有必要对其进行比较详细的叙述。

1. 万能分度头结构

万能分度头结构比较灵活,可以将工件安装成水平、垂直或倾斜位置,除了使工件作等分或不等分的分度外,还可与工作台的纵向进给配合,铣削螺旋槽和凸轮。

万能分度头的型号含义如下:

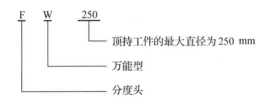

通常所见的万能分度头有FW200、FW250和FW320三种。它们都是以顶持工件的最大直径来表示性能的,过去以中心高表示分度头的规格。

FW250型万能分度头的外形如图3-12(a)所示。主轴是空心的,两端均为锥孔,前锥孔可以装入顶尖,后锥孔可装入心轴,以便在差动分度或直线分度时安装挂轮,例如铣削齿轮或者刻线。

主轴可随回转体在分度头底座环形导轨内转动,因此主轴除安装成水平位置外,还扳成倾斜位置,向上倾斜可到90°,向下倾斜可到6°。扳动前应松开螺母,在主轴孔中插入一根紫铜棒或木棒,扳动回转体,然后再拧紧螺母。在扳动时,要注意不得碰伤主轴的锥孔。主轴倾斜角度的数值可以在游标刻度上读出。

在分度时,拔出定位销,转动手柄,通过分度头内部的传动机构,使主轴带动工件转动,然后将定位销插入分度盘相应的孔中,使工件准确分度。

在主轴上还装有刻度环,它和主轴一起旋转。刻度环上有0°~360°的刻度,可用来作直接分度,不过分度精度不高。

在分度头的另一侧面有两个手柄,一个是锁紧主轴的手柄7,一个是蜗杆脱落手柄6。手柄6可以使蜗杆与蜗轮啮合或脱开。蜗杆与蜗轮啮合时间隙的大小可以用限位螺钉控制。

2. 分度头的传动系统

为了弄清手柄和主轴之间的传动关系,可以参考图3-12(b)所示的传动系统。如图中所示,转动手柄,通过传动比为1:1的一对正齿轮及传动比为1:40的蜗杆、蜗轮带动主轴旋转。因为蜗杆是单头的,蜗杆每转一圈只能带动蜗轮转过一个齿,而蜗轮的齿数是40,所以手柄每转一圈,便带动主轴转过1/40圈。也就是说,如果要求工件转过半圈,则分度手柄需要转过 20 圈。

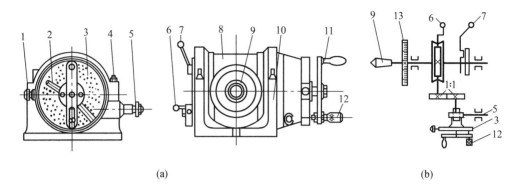

(a)   (b)

图 3 – 12　万能分度头的外形和传动系统

（a）外形；（b）传动系统

1—分度盘紧固螺钉；2—分度叉；3—分度盘；4—螺母；5—交换齿轮轴；6—蜗杆脱落手柄；

7—主轴锁紧手柄；8—回转体；9—主轴；10—基座；11—分度手柄；12—分度定位销；13—刻度盘

此外,在分度头内还有一对传动比为 1:1 的螺旋齿轮,用来从挂轮轴传动给分度盘。

3. 分度头装夹工件的方法

分度头的附件有三爪卡盘、前顶尖和拔盘、尾架及千斤顶等。

分度头的主轴前端具有一段短的外锥面,三爪卡盘的过渡盘就用它来定心,并且有三个螺钉固定在主轴的台阶面上。

工件可以一端用三爪卡盘夹紧,一端用尾架顶住,如图 3 – 13 所示。这样装夹的刚性比较好,但定心精度比较差,其精度主要取决于三爪卡盘的精度。为了增加工件刚性,可以在工件装夹之后,再用一个或两个千斤顶把工件撑住。也可以把工件的两端都用顶尖顶起来,如图 3 – 14 所示,这样装夹的定心精度比较高,但刚性比较差。此时,为了带动工件和分度头主轴一起转动,应当把拔盘用三个螺钉固定在主轴前端的台阶面上,同时把鸡心夹头固定在工件上,并且把它的柄部嵌在拔盘的缺口中,用两个螺钉顶住,以防松动。

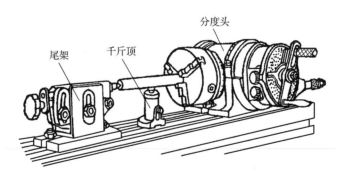

图 3 – 13　分度头及其附件装夹工件的方法

在安装分度头和尾架时,为了使分度头主轴的轴心线与尾架顶尖对齐,并且与铣床台面以及纵向进给方向平行,可以在前后顶尖之间放置一根标准心轴,然后用百分表校正它的上母线和侧母线。

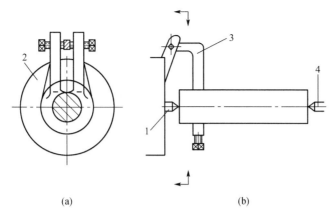

（a）　　　　　　　　　　　　　　　　（b）

图 3 – 14　使用前后顶尖装夹工件
1—前顶尖；2—拔盘；3—鸡心夹；4—后顶尖
（a）侧面图；（b）正面图

4. 分度头的分度方法

（1）直接分度法。在加工分度数目较少，如等分数为 2,3,4，或分度精度要求不高的工件时采用直接分度法。分度时，先将蜗杆脱开蜗轮，用手直接转动分度主轴进行分度。分度主轴的转角由装在分度主轴上的刻度盘和固定在鼓形壳体上的游标读出。分度完毕后，应立即用锁紧装置将分度主轴紧固，以免加工时转动。

（2）简单分度法。分度数目较多时，可用简单分度法分度，这是最常用的分度方法。分度前应使蜗杆蜗轮啮合，并用锁紧螺钉将分度盘锁紧。下面介绍分度的计算方法。

设工件每次需分度数为 z，则每次分度时主轴应转过 $1/z$ 转。由传动系统得分度手柄每次分度时应转过的转数为

$$n_k = \frac{1}{z} \times \frac{40}{1} \times \frac{1}{1} = \frac{40}{z} \qquad (3-1)$$

式（3-1）可写成如下形式

$$n_k = \frac{40}{z} = a + \frac{p}{q} \qquad (3-2)$$

式中　a——每次分度时，手柄 k 应转的整数转（当 $z > 40$，$a = 0$ 时）；
　　　q——所选用孔圈的孔数；
　　　p——分度定位销在 q 个孔的孔圈上应转的孔距数。

FW250 型万能分度头备有两个分度盘，第一块正面各孔圈的孔数依次为 24,25,28,30,34,37；反面为 38,39,41,42,43。第二块正面为 46,47,49,51,53,54；反面为 57,58,59,62,66。

例 3 – 1　在铣床上利用分度头分度加工 $z = 35$ 的直齿圆柱齿轮，用简单分度法分度，试选用分度盘孔圈并确定分度手柄 k 每次应转的转数。

解　由 $n_k = 40/z = a + p/q$ 得 $n_k = 1 + 5/35$。
因为没有 35 孔的孔圈，所以 $n_k = 1 + 5/35 = 1 + 1/7 = 1 + 7/49$。
第一块分度盘正面有 28 孔的孔圈，第二块分度盘正面有 49 孔的孔圈，故上列两种方案都可选用 49 孔的孔圈，手柄每次应转一整转，再转 7 个孔距。

为了保证分度不出错误，应调整分度盘上的分度叉两叉间的夹角，使两叉间在 49 孔的孔圈上包含 7 + 1 = 8 个孔（即 7 个孔距），分度时，拔出分度定位销，转动手柄一整转，再转分

度叉内的孔距数,然后重新将插销插入孔中定位。最后顺时针转动分度叉,使其左叉紧靠插销,为下次分度作好准备。

5. 差动分度法

简单分度法虽然解决了大部分的分度问题,但由于分度盘的孔圈有限,一些分度数如73,83,109 等不能与40 约简,或工件的等分数 z 和40 约简后,分度盘上没有所需的孔圈,此时可采用差动分度法。下面叙述差动分度法的工作原理。

设工件要求的等分数 $z = 109$,按简单分度公式,分度手柄应转过 $n = 40/z = 40/109$,但此时既不能约简,分度盘也没有相应的孔圈,故不能用简单分度法。为了借用分度盘上的孔圈,可以选用 z_0 值来计算手柄的转数。这个 z_0 值应与 z 相近,能从分度盘上直接选到相应孔圈,或者能与40 约简后选到相应孔圈。z_0 选定后,分度手柄的转数为 $40/z_0$,即插销从 A 点转到 B 点,用 B 点定位。然而此时,工件应转过 $40/z$ 转,即插销应由 A 点转到 C 点,用 C 点定位。如图3 – 15(a) 所示,如果此时分度盘不动,则手柄转数产生 $40/z - 40/z_0$ 转的误差。为了补偿这一误差,可在分度头主轴尾部插一根心轴 I,并在 I 轴和 II 轴之间配上 ac/bd 挂轮,如图3 – 15(b) 所示,并松开分度盘紧固螺钉,使手柄在转过 $40/z_0$ 转的同时,通过 ac/bd 挂轮和1:1 的圆锥齿轮,使分度盘也相应地转动,以使 B 点的小孔在分度的同时转到 C 点供插销定位并补偿上述差值。当插销自 A 点转 $40/z - 40/z_0$ 转时,以使孔恰好与插销对准。因此,分度手柄与分度盘之间的运动关系为:手柄转 $40/z$,分度盘补转 $40/z - 40/z_0$。

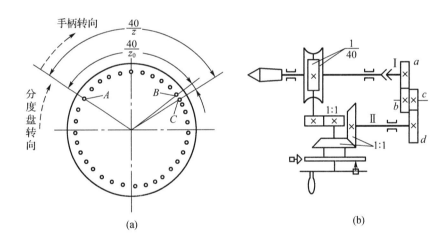

图3 – 15 差动分度原理

(a)分度盘转向图;(b)挂轮安装图

传动平衡方程式为

$$\frac{40}{z} \times \frac{1}{1} \times \frac{1}{40} \times \frac{ac}{bd} \times \frac{1}{1} = \frac{40}{z} - \frac{40}{z_0}$$

化简后即得挂轮公式为

$$\frac{ac}{bd} = \frac{40(z_0 - z)}{z_0} \tag{3 – 3}$$

式中 z——所要求分度数;

z_0——选定的分度数。

从式(3-3)可知,当 $z_0 < z$ 时,配换齿轮传动比是负值,反之为正值。式中的正负号仅说明分度盘的转向与分度手柄转向相同还是相反。不难看出,若 $z_0 < z$,两者转向应相反;若 $z_0 > z$,转向应相同。转向的调整决定于配换齿轮中加不加中间轮。

FW250 型分度头有一套五倍数的挂轮,共 12 个,齿数分别为 20,25,30,35,40,50,55,60,70,80,90,100。

例 3-2　在铣床上利用 FW250 型万能分度头加工 $z = 97$ 的直齿圆柱齿轮,试确定分度方法,并进行分度调整计算。

解　因 97 不能与 40 化简,且选不到孔圈数,故确定用差动分度法进行分度。

设假定等分数 $z_0 = 96$,则

$$n_0 = \frac{40}{z_0} = \frac{40}{96} = \frac{5}{12} = \frac{10}{24}$$

可选用第一块分度盘正面的 24 孔圈,分度手柄每次应转过 10 个孔距。

$$\frac{ac}{bd} = \frac{40(z_0 - z)}{z_0} = \frac{40(96 - 97)}{96} = -\frac{40}{96} = -\frac{25}{60}$$

即 $a = 25$, $d = 60$, $b = c$ 。

$z_0 < z$,故传动比为负值,表示分度盘和分度手柄转向相反,使用 FW250 型分度头,安装挂轮时必须配有变向介轮。

差动分度的缺点是调整比较麻烦,而且在铣削锥齿轮或螺旋槽时,因受分度头结构限制,无法使用此方法。此时,如工件分度精度要求不高,经检验在满足加工精度的情况下可采用近似分度法来解决。

3.4　工件的安装

3.4.1　工件直接装夹在工作台上

尺寸较大的工件,往往直接装夹在工作台上,用螺栓、压板压紧。为了确定加工面与铣刀的相对位置,一般用画针或百分表校正,也可以把铁丝缠绕在铣刀上或用黄油把大头针粘在铣刀的刀齿上,校正工件。用毛坯面定位时,应当用铁片或铜皮把工件垫平并垫实,然后用压板压紧。

使用压板在工作台上装夹工件方法如图 3-16 所示,压紧力的作用点最好靠近切削处,压紧力的大小要适当。粗铣时压紧力需要大一些;精铣时压紧力可以小一些,以免工件变形影响加工精度。如果在粗铣后立即进行精铣,可以把压板稍微放松一下再适当压紧。对于有色金属工件,压紧力不可以太大,并且最好在压板和工件之间垫上一层铜皮,以防把工件表面压出痕迹。如果工件放置压板处下面是空的,必须垫实,这样可以避免工件变形。在压紧工件时,应当对称地轮流拧紧各个螺帽,不要把某一个螺帽完全拧紧后再拧其他的,避免工件因跷起而压不紧。

3.4.2　工件装夹在平口钳中

对于中小尺寸、形状简单的工件,一般装夹在平口钳中,如图 3-17 所示。为了保证平口钳在铣床工作台上的正确位置,应当把平口钳底面的定向键靠紧在台面当中 T 形槽的一个侧面。如果没有定向槽或者是具有回转刻度盘的平口钳,则可用直角尺或者画针来校正

虎钳的固定钳口。对于安装精度要求比较高的场合,可使用百分表校正。

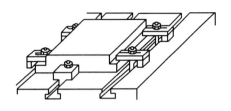

图 3-16　工件装夹在工作台上

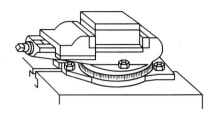

图 3-17　工件装夹在平口钳中

平口钳的定位面是导轨面和固定钳口,在平口钳中装夹工件时,必须使工件的基准面贴紧这两个面。对于较薄的工件,可在工件下面垫上经过磨削的平行垫铁。在夹紧工件时,要用铜棒或者榔头柄轻轻敲打工件,使工件的下面贴紧。

如果工件上用平口钳夹紧的两个面,一个是已加工的面,另一个是毛坯面,为了保证铣出的平面与已加工面垂直,可使已加工面和固定钳口接触,并在活动钳口和毛坯面之间垫一根圆棒或者一块撑板。

在平口钳中装夹工件时,工件放置的位置要适当,既要夹得紧,又要使工件在加工中稳定,并且要防止工件被夹变形。

3.4.3　工件装夹在回转台上

工件在回转台上的装夹方法如图 3-18 所示。具体操作同 3.4.1 节,这里不再叙述。

3.4.4　工件装夹在分度头上

对于需要分度铣削加工的工件,例如齿轮、螺母等,一般装夹在分度头上,如图 3-13 所示。此外,对于中小型轴类工件,有的虽然不需要分度,但为了装夹方便,也可以使用分度头。

3.4.5　工件装夹在专用夹具中

专用夹具是专门为了加工某种工件而设计制造的,如图 3-19 所示。使用它可以把工件迅速定位和夹紧,一般不需要再校正工件的位置。专用夹具既可以保证加工精度,又能提高生产率,因此在成批、大量生产中广泛使用。为了确定夹具在铣床上的正确位置,铣床夹具通常都具有定向键,如果没有定向键,则需要预先校正夹具在铣床上的位置。不少铣床夹具还具有对刀块,可以利用它来对刀。

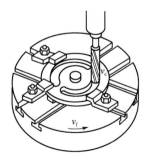

图 3-18　工件装夹在回转台上

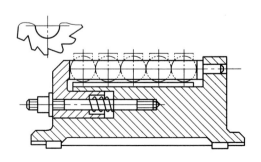

图 3-19　工件装夹在专用夹具中

3.5　铣　削　方　式

只要是铣削加工就必定会产生周铣和端铣、顺铣和逆铣的选择,所以进行铣工操作,就要对周铣和端铣、顺铣和逆铣的机理、特点、优缺点清楚了解,熟练掌握。

3.5.1　周铣和端铣

1. 周铣

周铣是用铣刀周边齿刃进行的铣削。周铣平面时,平面度的好坏主要取决于铣刀的圆柱素线是否直,因此在精铣平面时,铣刀的圆柱度一定要好。

2. 端铣

端铣是用铣刀端面齿刃进行的铣削。用端铣铣出的平面,其平面度的好坏主要取决于铣床主轴轴线与进给方向的垂直度。

3. 周铣和端铣的比较

(1)面铣刀的装夹刚度较好,铣削时振动小;而圆柱铣刀刀杆较长,轴径较小,容易产生弯曲变形及振动。

(2)端铣时同时工作的齿数比周铣多,工作较平稳。这是因为端铣时刀齿在铣削层宽度的范围内工作,而周铣时刀齿仅在铣削层深度的范围内工作,一般情况下铣削层宽度要比铣削层深度大得多,所以面铣刀和工件的接触面较大,同时工作的齿数多,铣削力波动小。为减少周铣时的振动,可选择大螺旋角铣刀来弥补这一缺点。

(3)端铣时刀齿有主、副切削刃同时工作,主切削刃切去大部分余量,副切削刃起修光作用,齿刃负荷分配合理,刀具寿命较长,且加工面的表面粗糙度值也较小;而周铣时只有圆周上的主切削刃工作,不但无法消除已加工表面的残留面积,而且铣刀装夹后的径向跳动也会反映到工件表面上。

(4)面铣刀便于镶装硬质合金刀片进行高速铣削和阶梯铣削,生产效率高,铣削质量也较好;而圆柱铣刀镶装硬质合金刀片比较困难。

(5)铣削宽度较大的工件时,圆柱铣刀一般要接刀铣削,故留有接刀痕迹;在端面铣削时,则可用盘形面铣刀一次铣出工件全宽度。

(6)圆柱铣刀可采用大刃倾角,以充分发挥刃倾角在铣削过程中的作用,对铣削难加工材料(如不锈钢、耐热合金等)有一定效果。

综上所述,一般情况下,端铣时的生产效率和铣削质量都比周铣时高。所以铣平面时,应尽可能采用端铣。但是要具体情况具体分析,目前工厂中卧式铣床使用得很普遍,这是因为它的万能性好,便于实现组合铣削,以提高铣削效率。此外,在铣削韧性很大的不锈钢等材料时,也可考虑采用大螺旋角铣刀进行周铣。

3.5.2　周铣时的顺铣和逆铣

1. 顺铣

在铣刀与工件已加工面的切点处,铣刀旋转切削刃的运动方向与工件进给方向相同的铣削称为顺铣,如图3-20(a)所示。

2. 逆铣

在铣刀与工件已加工面的切点处,铣刀旋转切削刃的运动方向与工件进给方向相反的铣削称为逆铣,如图 3-20(b)所示。

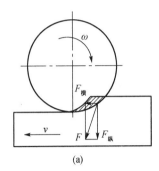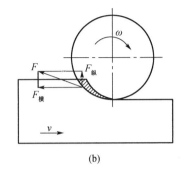

(a)   (b)

图 3-20　顺铣和逆铣

(a)顺铣;(b)逆铣

3. 顺铣和逆铣的比较

(1)逆铣时,作用在工件上的力在进给方向上的分力 $F_{横}$ 是与进给方向 v 相反的,故不会把工作台向进给方向拉动一个距离,因此丝杠轴向间隙的大小对逆铣无明显的影响。而顺铣时,由于作用在工件上的力在进给方向上的分力 $F_{横}$ 与进给方向 v 相同,所以有可能会把工作台拉动一个距离,从而造成每齿进给量突然增加,严重时将会损坏铣刀,造成工件报废或更严重的事故。因此,在周铣中通常都采用逆铣。

(2)逆铣时,作用在工件上的是垂直铣削力,在铣削开始时是向上的,有把工件从夹具中拉起来的趋势,所以对加工薄而长的和不易夹紧的工件极为不利。另外,在铣削的中途,刀齿切到工件时要滑动一小段距离才切入,此时的垂直铣削力是向下的,而在将切离工件的一段时间内,垂直铣削力是向上的,因而工件和铣刀会产生周期性的振动,影响加工面的表面粗糙度。顺铣时,作用在工件上的垂直铣削力始终是向下的,有压住工件的作用,对铣削工作有利,而且垂直铣削力的变化较小,故产生的振动也小,能使加工表面粗糙度值较小。

(3)逆铣时,由于刀刃在加工表面上要滑动一小段距离,刀刃容易磨损;顺铣时,刀刃一开始就切入工件,故刀刃比逆铣时磨损小,铣刀使用寿命长。

(4)逆铣时,消耗在工件进给运动上的动力较大,而顺铣时则较小。此外,顺铣时切削厚度比逆铣时大;切屑短而厚而且变形小,所以可节省铣床功率的消耗。

(5)逆铣时,加工表面上有前一刀齿加工时造成的硬化层,因而不易切削;顺铣时,加工表面上没有硬化层,所以容易切削。

(6)对表面有硬皮的毛坯件,顺铣时刀齿一开始就切到硬皮,切削刃容易损坏,而逆铣则无此问题。

综上所述,尽管顺铣比逆铣有较多的优点,但由于逆铣时不会拉动工作台,所以一般情况下都采用逆铣进行加工。但当工件不易夹紧或工件薄而长时,宜采用顺铣。此外,当铣削余量较小,铣削力在进给方向上的分力小于工作台和导轨面之间的摩擦力时,也可采用顺铣。有时为了改善铣削质量而采用顺铣时,必须调整工作台与丝杠之间的轴向间隙(使之为0.01~0.04 mm)。若设备陈旧磨损严重,实现上述调整则有一定的困难。

3.5.3 端铣时的顺铣与逆铣

端铣时,根据铣刀和工件的相对位置不同,可分为对称端铣和不对称端铣。

1. 对称端铣

图3－21(a)所示为用面铣刀铣平面时,铣刀处于工件铣削层宽度中间位置的铣削方式,称为对称端铣。

若用纵向工作台进给作对称铣削,工件的削层宽度在铣刀轴线的两边各占一半。左半部为进刀部分,是逆铣;右半部分为出刀部分,是顺铣。使作用在工件上的纵向分力在中分线两边大小相等,方向相反,所以工作台在进给方向不会产生突然拉动现象。但是,此时作用在工作台横向进给方向上的分力较大,会使工作台沿横向产生突然拉动,因此铣削前必须紧固横向工作台。基于上述原因,用面铣刀进行对称铣削时,只适用于加工短而宽或较厚的工件,不宜铣削狭长或较薄的工件。

2. 不对称端铣

如图3－21(b)和(c)所示,用面铣刀铣削平面时,工件铣削层宽度在铣刀中心两边不相等的铣削方式,称为不对称端铣。

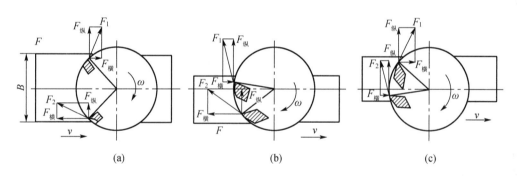

图3－21 对称端铣与不对称端铣

(a)对称端铣;(b)不对称逆铣;(c)不对称顺铣

不对称端铣时,当进刀部分大于出刀部分时称为逆铣,如图3－21(b)所示;反之称为顺铣,如图3－21(c)所示。顺铣时,同样有可能拉动工作台,造成严重后果,故一般不采用。端铣时,垂直铣削力的大小和方向与切削方式无关。另外用端铣法逆铣时,刀齿开始切入时的切周厚度较薄,切削刃受到的冲击较小,并且切削刃开始切入时无滑动阶段,故可提高铣刀的寿命。用端铣法作顺铣时的优点是切削在切离工件时较薄,所以切屑容易去掉,切削刃切入时切屑较厚,不致在冷硬层中挤刮,尤其对容易产生冷硬现象的材料,如不锈钢,则更为明显。

3.6 铣 平 面

使用硬质合金端铣刀铣平面应用很广泛,它可以在卧式铣床上进行,也可以在立式铣床上进行。

3.6.1　在卧式铣床上用端铣刀铣平面

在卧式铣床上用端铣刀铣平面的情况如图3-22(a)所示,这样铣出的平面是与工作台垂直的。

为了避免接刀,铣刀的直径一般应选得比工件加工面的宽度大一些。此时,要注意铣刀旋转方向和工件进给方向的配合,以及加工和铣刀在高低方向的相对位置,使得作用于工件上的切削分力方向是压向工作台的,有利于工件的压紧和减小工件的上下振动,而且切屑向下飞溅,比较安全。另外,在一般情况下还要使逆铣的成分大于顺铣的成分。

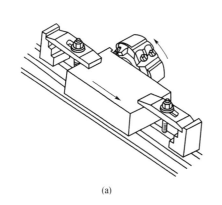
(a)
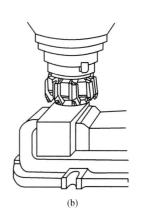
(b)

图 3-22　用端铣刀铣平面
(a)卧式铣床;(b)立式铣床

在卧式万能铣床上端铣平面时,应当把回转工作台扳到零位,在加工精度要求比较高时,只是看刻度调整还不够正确,可以在主轴端面安装一个百分表,用手扳动主轴使百分表回转180°,按已经铣过一刀的工件表面或工作台的侧面,来校正转台的零位。也可以把百分表安装在工作台面上,纵向移动工作台,按垂直导轨的平面来校正转台的零位。

在卧式铣床上端铣平面的基本步骤是摇升降手柄,调整工件在高度方向与铣刀相对的位置,把升降台锁紧;开动主轴旋转;摇横向手柄,使工件接近铣刀,凭听觉、手上感觉或观察判断,当铣刀稍微擦着工件后,马上摇纵向手柄把工件退出,然后按横向刻度调整铣削深度,并锁紧横向工作台,即可进行铣削。在铣削深度较大的情况下,开始铣削时须用手动进给慢慢切入工件,然后再开动机动进给,以免刚切入时切削力突然增大而发生事故。

利用刻度盘控制铣削深度,要随时把刻度盘处的锁紧螺母拧紧,以防止刻度盘走动,致使读数不正确。在转动手柄时,如果超过了预定的刻度线,必须把手柄转大半圈,以消除横向丝杆与螺母之间的间隙影响,然后重新把手柄按刻度转到预定的位置。

在铣削过程中,不能停止工作台的进给而让铣刀在加工面上空转。这是因为在铣削时,由于切削力的作用,会使机床、夹具、工件、刀具之间发生一定的弹性变形,当停止进给后,切削力减小,它们又发生弹性恢复,因而在停留的地方产生切深的痕迹。

同样道理,在铣削终了处当尽可能使铣刀走出头,否则会在加工面上留下拖刀的痕迹。如果工件的加工面太长,铣刀走不出头,可以有意把转台扳斜一点,在不产生明显中间凹下的情况下避免拖刀痕迹。

3.6.2　在立式铣床上用端铣刀铣平面

在立式铣床上用端铣刀铣平面的情况如图 3－22(b)所示,这样铣出的平面是与工作台面平行的。

对于可以回转的立铣头,在铣平面时,把主轴轴心线调整到与工作台面垂直的位置,否则铣出的表面也会产生中间凹下,调整铣头时,可将百分表安装在主轴端面,用手转动 180° 按工作台面校正主轴轴心线,使它与工作台面保持垂直。

3.6.3　在铣床上用端铣刀铣平面举例

以图 3－23 矩形工件为例,说明铣平面的具体加工步骤。

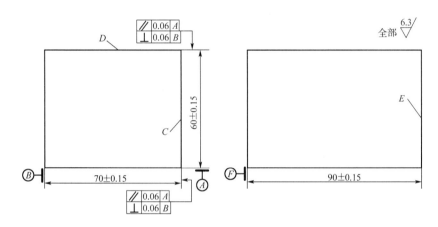

图 3－23　矩形零件图(单位:mm)

1. 机床与刀具的选择

根据图纸,确定该工件在 X5032 立式铣床上加工。切削刀具选用 ϕ80 mm 端铣刀。

2. 基准确定

加工矩形工件时,应选择较大的平面作为基准面,根据毛坯尺寸 65 mm × 75 mm × 95 mm,应选择 A 面为精基准面,而粗基准面为 B 面。

3. 工件的装夹

由于该工件的尺寸较小,精度要求较高,选用机用平口钳装夹工件。将工件的基准面与固定钳口相贴合,平口钳的导轨面上垫上平行垫块,若钳口直接与毛坯接触时,必须在两钳口与工件面之间垫上铜皮,然后夹紧工件。

4. 铣削过程

(1)铣削 A 面,如图 3－24(a)所示。工件以 B 面为粗基准,并靠向垫有铜皮的固定钳口,在平口钳导轨面上垫上平行垫铁,在活动钳口处放置圆棒后夹紧工件。选择合理的主轴转速和进给量,操纵机床各手柄,使工件处于铣刀下方,开启主轴,升降台带动工件缓缓升高,使铣刀刚好切削到工件后停止上升,移出工件。工作台垂向升高 1 mm,采用纵向机动进给,铣出 A 面,表面粗糙度 Ra 值小于 6.3 μm。

(2)铣削 B 面,如图 3－24(b)所示。工件以 A 面为精基准,将 A 面与固定钳口贴紧,在平口钳导轨面上垫上适当高度的平行垫铁,在活动钳口处放置圆棒夹紧工件。开启主轴,当铣刀切削到工件后，移出工件，工作台垂向升高 1 mm，铣出 B 面，并在垂向刻度盘上做好标记。卸下工件，采用常规方法，使用宽座角尺检验 B 面对 A 面的垂直度。检验时观看 A 面与长边测量面缝隙是否均匀，或用塞尺检验垂直度的误差值，若测得 A 面与 B 面的夹角小于 90°时，则应在固定钳口的侧下方垫上铜皮或纸片。若测得 A 面与 B 面的夹角大于 90°时，则应在固定钳口的侧上方垫上铜皮或纸片。所垫纸片或铜皮的厚度应根据垂直度误差的大小而定，然后工作台垂向少量升高后再进行铣削，直至垂直度达到要求为止。

（3）铣削 C 面，如图 3 - 24(c) 所示。工件以 A 面为基准面，贴靠在固定钳口上，在平口钳导轨面上垫上平行垫铁，使 B 面紧靠平行垫铁，在活动钳口放置圆棒后夹紧，并用铜锤轻轻敲击，使之与平行垫铁贴紧。根据刻度盘上的标记，垂向工作台升高 2 mm 后，并铣出 C 面。用千分尺测量工件的各点，若测得千分尺读数差在 0.06 mm 之内，则符合图样上平行度要求；根据千分尺读数测得工件铣削余量后，升高垂向工作台，进行精铣，使工件尺寸达到 (70 ± 0.15) mm。

（4）铣削 D 面，如图 3 - 24(d) 所示。以工件 B 面为基准，与固定钳口贴紧，A 面与导轨面上的平行垫铁贴合后夹紧工件，用铜锤轻轻敲击工件，使工件与垫铁贴紧。开启主轴，重新调整工作台，使铣刀接触到工件表面后退出工件，垂向工作台升高 2 mm，粗铣 D 面。自行检验平行度达 0.06 mm 以内，再根据测定的工件实际尺寸，调整垂向工作台，精铣 D 面，使其尺寸达到 (60 ± 0.15) mm。

（5）铣削 E 面，如图 3 - 24(e) 所示。工件以 A 面为基准面，贴靠在固定钳口上，轻轻夹紧工件，将宽座角尺的短边基面与导轨面贴合，使长边与工件 B 面贴合，夹紧工件。开启主轴，使铣刀接触到工件表面后退出工件，垂向工作台升高 1 mm，铣出 E 面。以 E 面为测量基准，检测 A、B 面对 E 面的垂直度，若测得垂直度误差较大，应重新装夹找正，然后再进行铣削，直至铣出的垂直度达到要求。

（6）铣削 F 面，如图 3 - 24(f) 所示。工件以 A 面为基准面，贴靠在固定钳口上，使 E 面与平口钳导轨面上的平行垫铁贴合，夹紧工件。将宽座角尺的短边基面与导轨面贴合，使长边与工件 B 面贴合，夹紧工件，用钢锤轻轻敲击工件，使之与平行垫铁贴紧。重新调整垂向工作台，使铣刀接触到工件表面后退出工件，垂向工作台升高 1 mm，铣出 F 面。用千分尺测量各点，若测得各点间误差在 0.06 mm 之内，其尺寸达到 (90 ± 0.15) mm，平行度及垂直度符合图样要求。

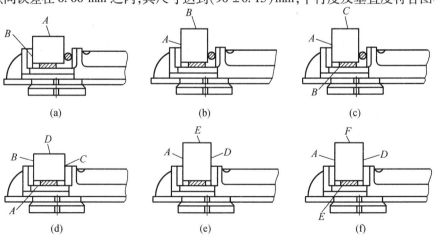

图 3 - 24　矩形工件铣削过程

3.6.4　技能实训12——铣矩形工件

1. 技能训练目标

(1)掌握长方体零件的加工顺序和基准面的选择方法。

(2)掌握铣垂直面和平行面的方法。

(3)会分析铣削中出现的质量问题。

2. 矩形零件图

在 X8126 万能工具铣床上铣削图 3-25 所示的工件,练习铣削垂直面和平行面。

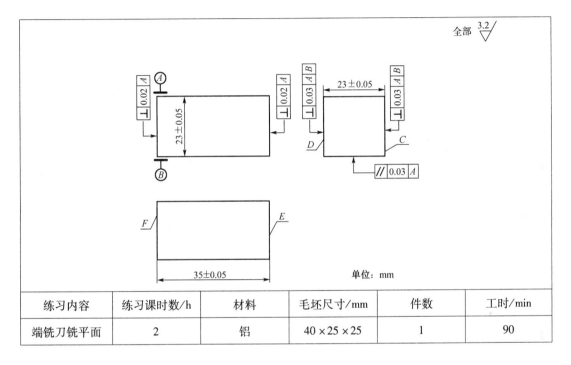

练习内容	练习课时数/h	材料	毛坯尺寸/mm	件数	工时/min
端铣刀铣平面	2	铝	40×25×25	1	90

图 3-25　矩形零件图

3. 训练设备与器材

(1)X8126 万能工具铣床　　　　　　　　　　　　　　　一台

(2)机用平口钳　　　　　　　　　　　　　　　　　　　一副

(3)端面铣刀(ϕ100 mm,$z=6$)　　　　　　　　　　　一把

4. 切削用量选择

$v_f=120$ mm/min, $n=750$ r/min。

5. 矩形工件铣削的步骤

(1)看图并检查毛坯尺寸 40 mm×25 mm×25 mm,计算加工余量。

(2)选用端面铣刀,规格为 ϕ100 mm,$z=6$,选择合适的拉杆,将铣刀装夹紧在主轴锥孔中。

(3)选用机用平口钳装夹工件,校正固定钳口与横向进给方向平行,然后紧固。

(4)将工件放在钳口内,垫上平行垫铁,夹紧并检查工件与垫铁是否贴紧。

(5)选用合适的切削用量,主轴转速为 750 r/min, 切削进给量为 120 mm/min;将主轴变速箱和进给箱上各手柄扳至所需要位置。

（6）对刀调整。调整工作台，使工件位于铣刀下方，紧固横向工作台，启动机床，摇到垂向手柄，使工件上升至稍微触碰铣刀，在垂向刻度盘上做好记号，操纵手柄，使工件先垂向后纵向退出。

（7）粗、精铣 A 面。以 C 面为基准，靠向固定钳口，下方垫上平行垫铁，在活动钳口处放置一圆棒或者铜皮，夹紧工件，完成平面铣削加工。

（8）粗、精铣 D 面。取下工件，去毛刺；以 A 面为基准，按照铣削 A 面的方法装夹工件。用同样的方法铣削 D 面，取下工件，去毛刺，用角尺检查 D 面与 A 面的垂直度，否则继续铣削。

（9）粗、精铣 C 面。取下工件，去毛刺；以 A 面为基准，按照铣削 A 面的方法装夹工件。用同样的方法铣削 C 面，取下工件，去毛刺，用角尺检查 C 面与 A 面的垂直度，否则继续铣削。

（10）粗、精铣 B 面。取下工件，去毛刺；以 C 面为基准，并使 A 面紧靠平行垫铁，装夹工件。用同样的方法铣削 B 面。

（11）粗、精铣 E 面。取下工件，去毛刺；以 A 面为基准，与固定钳口贴紧，预紧工件，用角尺找正 C 面与导轨面的垂直，夹紧工件。用同样的方法铣削 E 面，取下工件，去毛刺，用角尺检查 A 面和 B 面对 E 面的垂直度，如误差太大，需重新找正，再铣削至要求。

（12）粗、精铣 F 面。取下工件，去毛刺；以 A 面为基准，并使 E 面紧靠平行垫铁，按铣 A 面的方式装夹工件，用同样的方法铣削 F 面，取下工件，去毛刺，检查零件。

6. 操作注意事项

（1）及时用锉刀修整工件上的毛刺和锐边，但不要锉伤工件上已加工表面。

（2）加工时可采用粗铣一刀，再精铣一刀的方法，来提高表面加工质量。

（3）用手锤轻击工件时，不要砸伤已加工表面。

（4）铣钢件时应使用切削液。

3.7 铣台阶面

在铣床上铣削台阶，其工作量仅次于铣削平面。因为带台阶面的零件是很多的。

3.7.1 台阶面的铣削

台阶面实际上是由两个平面组成的内直角面，一般要求与零件上的基准面或其他表面平行，因此也应像铣削平面一样，要求具有较好的平面度和较小的表面粗糙度。由于带有台阶面的零件一般要与其他零件相配合，因此要求有一定的尺寸精度、形状精度及位置精度，在加工过程中，要重视装夹方法和铣削工艺的合理性。

台阶面的铣削可以在立式铣床上加工，也可以在卧式铣床上加工。在立式铣床上加工一般都采用直径较大的立铣刀，如图 3-26(a) 所示；在卧式铣床上加工尺寸不太大的台阶，一般都采用三面刃铣刀加工，如图 3-26(b) 所示；对大的台阶和特殊要求的零件，也有用面铣刀和组合铣刀等刀具来铣削的，如图 3-26(c) 所示。

在铣削过程中，注意调整铣床工作台的纵向进给与主轴轴线的垂直，否则会使台阶产生上窄下宽的现象。另外由于铣刀只有一侧面刀刃及圆柱面上的刀刃参加切削，在铣刀的两侧面上受到的铣削力是不相等的，所以铣刀在铣削中容易朝不受力一侧偏让，俗称"让刀"，如图 3-26(a)所示。当台阶尺寸太大,可在深度方向分几层切去,避免铣刀侧面刀刃上受力过大。为了确保工作尺寸精度,铣刀应具有足够的厚度,采用粗铣与精铣分开。

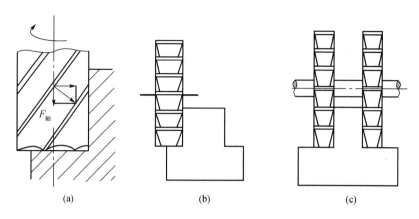

图 3-26　台阶的铣削加工方法

(a)立铣铣台阶;(b)单刃铣台阶;(c)双刃铣台阶

3.7.2　在铣床上铣台阶面举例

以图 3-27 台阶工件为例,介绍台阶面的具体加工步骤。

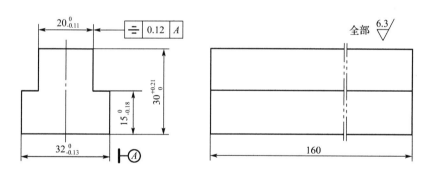

图 3-27　台阶零件图(单位:mm)

1. 机床与刀具的选择

根据图纸,确定该工件在 X6132 卧式铣床上加工;切削刀具选用 $D = \phi80$ mm,内径 $d = \phi27$ mm,齿数 $z = 16$ 的直齿三面刃铣刀。

2. 基准确定

加工台阶面工件时,应选择较大的平面作为基准面,半成品尺寸 32 mm × 30 mm × 160 mm,应选择 30 mm × 160 mm 的平面为基准面。

3. 工件的装夹

根据工件形状,选用机用平口钳装夹工件。将平口钳安放在工作台中间位置。利用百分表校正固定钳口与工作台纵向进给方向平行,然后将工件的基准面与固定钳口相贴合,下面垫上适当高度的平行垫铁,使工件的上平面高出钳口约 16 mm 后夹紧,用铜锤轻轻敲击工件,使之与平行垫铁贴紧。

4. 对刀方法

（1）深度对刀。移动机床纵向、横向、垂向工件台，使工件铣削部分处于铣刀下方。开启主轴，升降台带动工件缓缓升高，使铣刀刚好切削到工件后停止上升，如图 3－28（a）所示，在垂向刻度盘上做标记，停车后下降工作台，纵向退出工件，然后竖直方向工作台升高 14.5 mm，留 0.5 mm 精铣余量。

（2）侧面对刀。开启主轴，移动横向工作台，使旋转的铣刀缓缓与工件侧面相接触时停止移动，如图 3－28（b）所示，在横向刻度盘上做好记号，纵向退出工件。根据记号，横向工作台移动 5.5 mm，留 0.5 mm 精铣余量，并紧固横向工作台。

5. 铣削过程

（1）粗铣台阶左侧面。工件装夹与对刀完成后，开启主轴，纵向自动进给，粗铣出台阶左侧面，如图 3－28（c）所示。用千分尺测量工件的一侧面至铣出台阶的实际尺寸为 26.5 mm，用深度游标卡尺测得深度为 14.5 mm。

（2）精铣台阶左侧面。根据实测尺寸，松开横向工作台紧固螺栓，移动横向工作台 0.5 mm 后紧固，垂向工作台升高 0.5 mm，纵向自动进给。铣削后，测得厚度尺寸 $15_{-0.18}^{0}$ mm。

（3）粗铣台阶右侧面。松开并移动横向工作台，移动量 $s = L + b = 28$ mm，现移动 28.5 mm，留 0.5 mm 精铣余量，如图 3－28（d）所示，紧固横向工作台，垂向下降 0.5 mm，纵向自动进给，粗铣出台阶右侧面。用千分尺测量台阶宽度尺寸为 20.5 mm，厚度为 15.5 mm。

（4）精铣台阶右侧面。松开横向工作台，并移动 0.5 mm（注意消除工作台丝杠与螺母间隙），垂向升高 0.5 mm。精铣后，测量台阶宽度为 $20_{-0.11}^{0}$ mm，厚度尺寸为 $15_{-0.18}^{0}$ mm，表面粗糙度 Ra 值小于 6.3 μm。

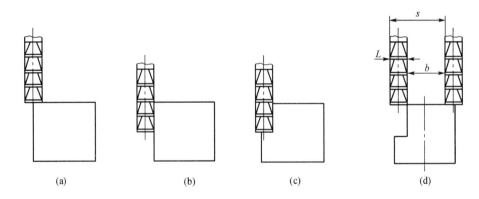

（a）　　　　　　（b）　　　　　　（c）　　　　　　（d）

图 3－28　台阶面的对刀方法与铣削过程

（a）深度对刀；（b）侧面对刀；（c）粗铣台阶左侧面；（d）粗铣台阶右侧面

3.7.3　技能实训 13——铣台阶面工件

1. 技能训练目标

（1）掌握用立铣刀铣台阶的方法。

（2）能正确选择铣刀。

（3）会分析铣削中出现的质量问题。

2. 台阶面铣削加工图

如图 3 - 29 所示台阶零件图,除用三面刃铣刀加工外,也可以用立铣刀加工得到,同学们应用所学台阶面铣削加工方法,用立铣刀完成台阶面铣削加工。

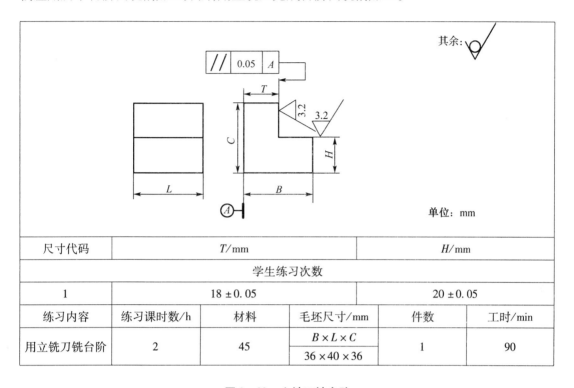

尺寸代码	T/mm			H/mm	
学生练习次数					
1	18 ± 0.05			20 ± 0.05	
练习内容	练习课时数/h	材料	毛坯尺寸/mm	件数	工时/min
用立铣刀铣台阶	2	45	$B \times L \times C$ $36 \times 40 \times 36$	1	90

图 3 - 29　立铣刀铣台阶

3. 训练设备与器材

(1)X5025 立式升降台铣床　　　　　　　　　　　　　　　一台

(2)机用平口钳　　　　　　　　　　　　　　　　　　　　一副

(3)螺旋圆柱铣刀($\phi22$ mm,$z = 3$)　　　　　　　　　　一把

4. 切削用量选择

粗铣:$v_f = 60$ mm/min,$n = 197$ r/min。

精铣:$v_f = 35$ mm/min,$n = 375$ r/min。

5. 台阶面工件铣削的步骤

(1)看图并检查毛坯尺寸 36 mm ×40 mm ×36 mm,计算加工余量。

(2)选用立铣刀,规格为 $\phi22$ mm,$z = 3$ 铣刀,安装并校正立铣头,将铣刀安装在立铣头锥孔中。

(3)选用机用平口钳装夹工件,校正固定钳口,使其与横向进给方向平行,然后紧固。

(4)将工件放在钳口内,垫上平行垫铁,夹紧并检查工件与垫铁是否贴紧。

(5)选择合适的铣削用量,主轴转速为 197 r/min,进给量 60 mm/min, 将主轴变速箱和进给变速箱上各手柄扳至所需位置。

(6)对刀调整。启动机床,操纵手柄,使铣刀与工件上表面刚刚接触,在垂向刻度盘上做好记号,使工件先垂向后横向退出;操纵手柄,使铣刀圆周刃与工件侧面刚刚接触,在横向刻度盘上做好记号,使工件先横向后纵向退出。

（7）粗铣台阶。摇动垂向手柄,调整铣削深度,留 0.5 mm 左右为精铣余量;摇动横向手柄,留 0.5 mm 左右为精铣余量,紧固横向工作台;摇动纵向手柄,使工件靠近铣刀直至接触,打开切削液开关,纵向机动进给完成粗铣;停机,关闭切削液开关,使工件先垂向后纵向退出。

（8）精铣台阶。测量工件尺寸,确定精铣余量;操纵手柄,调整铣削深度,调整转速和进给量分别为 375 r/min 和 37.5 mm/min,用前述方法精铣平面;停机,关闭切削液开关,拆卸工件。

（9）去毛刺,测量工件尺寸（18 ± 0.05）mm、（20 ± 0.05）mm,工件的平行度和表面粗糙度值 Ra 为 3.2 μm,检测后若不符合要求,应重新铣削加工到图样要求的尺寸。

6. 操作注意事项

（1）平口钳的固定钳口应调整好。

（2）选择的垫铁应平行,铣削时工件与垫铁应清理干净。

（3）铣削中不使用的进给机构要坚固。

（4）铣削时,进给量和切削深度不能太大,铣削钢件时必须加入切削液。

3.8 铣 斜 面

所谓斜面就是工件上的一个表面与另一个相邻基准面相交成某种角度的平面。铣斜面和铣平面的原理是一致的,只是工件的切削位置或对工件的安装位置作相应的改变,以使斜面能达到准确的斜度。

3.8.1 改变铣刀的切削位置铣削斜面

采用这种形式通常在立式铣床上根据工件的斜度要求,将立铣头转动到相应角度,如图 3－30 所示,把斜面铣出来。

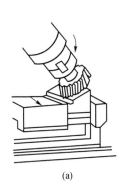
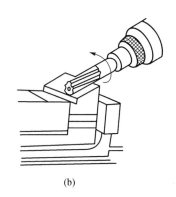

(a)　　　　　　　　　　　　　　　　(b)

图 3－30　改变铣刀切削位置铣斜面

(a)用端面齿切削;(b)用圆柱齿切削

如果在万能或卧式铣床上采用改变铣刀的切削位置加工斜面,需要安装万能铣头,而且铣头主轴轴线在纵向和横向两个相互垂直的平面内,能作 360°的旋转运动,保证能和工件台面形成任何角度,能进行立式铣床所能完成的各种工作。铣斜面确定铣头扳转角度数值时,应根据斜面倾斜和所使用铣刀情况而定。如果斜面和垂直面相交成某个数值,用立铣刀的圆周刀齿切削,这时铣头扳转角度应等于斜面和垂直面相交的数值,用端面铣刀的刀齿切削,这时铣头扳转角度应等于 90°减去斜面和垂直面相交的度数的差值;如果斜面和水平面相交成某个数值,用端面铣刀的刀齿切削,这时铣头扳转角度应等于斜面和水平面相交的数值,用立铣刀的圆周刀齿切削,这时铣头扳转角度应等于90°减去斜面和水平面相交的度数的差值。

3.8.2 改变工件的安装位置铣削斜面

改变工件安装位置,采用在万向夹具上安装工件、在万能分度头上安装工件、使用辅助工具安装工件、利用平口钳安装工件、将工件直接夹紧在工作台上等方法。

(1)用万向夹具安装工件。万向夹具包括正弦钳、万向机用平口钳、组合式角铁,等等。如图3-31(a)所示是在万向机用平口钳上铣斜面的情况。工件中,将铣刀安装在铣床主轴前端的铣刀杆上,万向平口钳的旋转度数应依照工件的斜度要求来确定。在切削加工中,要注意将夹具各部分的螺钉螺母拧紧。

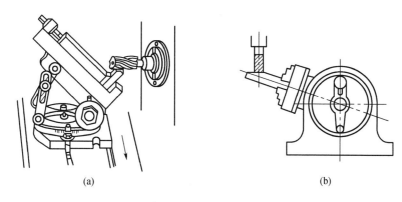

(a)   (b)

图 3-31 利用万向平口钳、分度头铣削斜面

(a)利用万向平口钳铣斜面;(b)倾斜分度头铣斜面

(2)在万能分度头上安装工件。如图3-31(b)所示是利用分度头安装工件铣斜面情况。工件安装在三爪自定心卡盘内,按照斜度要求将分度头扳转一个倾斜角度,将斜度铣削加工出来。

(3)在机用平口钳上安装工件。可以将工件安装在机用平口钳上铣削斜面,如图3-32(a)所示,工件在钳口里呈倾斜位置,安装前先用画线盘按照线将工件找正,然后夹紧切削;也可以将平口钳的上钳座转过一个角度,然后将固定上钳座的两个螺钉拧紧,这种方法适用于小斜度工件,否则会因转动角度过大而铣伤钳座面;如果被装夹表面也是斜面,这时可用一套弧形垫铁放在固定钳口处,弧形垫铁和弧形槽配合,可在弧形槽内灵活转动,当拧动活动钳口时,推动工件的斜面向弧形垫斜靠拢,将工件夹紧,找正后就可以铣削加工。

(4)利用辅助工具安装工件。常用辅助工具有角度垫铁和角铁等。图3-32(b)所示就是在工件底面放置垫铁,垫铁与工件严密接触,工件用螺栓和压板夹紧铣削。如果不便于使用压板和螺栓压紧的情况下,可将角度垫铁放在机用平口钳内,工件放在角度垫铁上,夹紧后进行切削。使用角度垫铁铣削斜面,注意使垫铁的斜度和被加工工件的斜度相适应。

(5)工件直接夹紧在工作台上。铣削大尺寸斜面工件,在不便于使用夹具和辅助工具的情况下,可直接安装在工作台上。特别是在卧式铣床上铣削大斜面工件,工件放置在工作台上,用万能角尺进行找正,找正后用压板螺栓将工件夹紧,如图3-33(a)所示。如果在万能立式铣床上加工比较大的斜面时,可以把工件装正在工作台上,然后根据工件斜度,旋转工件成一定角度,机动进刀铣削斜面。

（6）如果大批量地加工斜面工件，通常使用专用或者特种的夹具，这样的夹具在设计和制造中已经考虑到被加工工件的斜度要求，所以只要按照规定做好工件的定位工作就可以了。

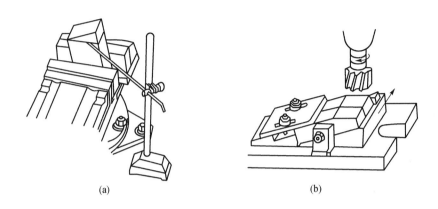

（a）   （b）

图 3 – 32　在平口钳和辅助垫铁上铣削斜面

（a）在机用平口钳上按画线找正工件铣斜面；（b）利用辅助垫铁安装工件铣斜面

3.8.3　使用角度铣刀铣削斜面

使用角度铣刀铣削斜面，所选用铣刀角度要和工件的斜度相一致，如图 3 – 33（b）所示。由于角度铣刀的刀刃宽度有一定限制，所以，这种方法适用于较小尺寸的工件。如果工件上有两个斜面，可使两把角度铣刀进行组合铣削，选用的角度铣刀锥面刀齿的长度要大于工件的斜面宽度。采用组合铣刀铣削斜面时，为了保证切削位置的准确，必须控制好铣刀间的距离。铣刀间的距离是依靠固定垫圈来调整的，每个垫圈厚薄不一，垫圈与垫圈端面间的平行度要求很高。在安装垫圈时要严密配合，注意使各个垫圈的开口位置互相错开，不要使开口方向位于同一条线上。

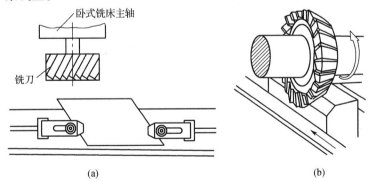

卧式铣床主轴

铣刀

（a）   （b）

图 3 – 33　工件在工作台上与用角度铣刀铣削斜面

（a）工件直接夹紧在工作台上铣削斜面；（b）利用角度铣刀铣削斜面

3.8.4　在铣床上铣削斜面举例

以图 3 – 34 所示工件为例，介绍以铣刀转成所需要角度的方法铣削斜面的具体加工步骤。

1. 机床与刀具的选择

根据图纸，确定该工件在 X5032 立式铣床上加工；选用 ϕ 70 mm 端铣刀铣削 10° 斜面，

选用直径 $\phi32$ mm 的锥柄四面刃立式铣刀(切削刃长度为 53 mm)铣削 70° 的斜面。

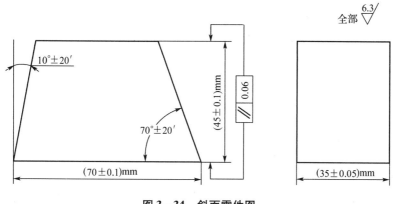

图 3 – 34　斜面零件图

2. 基准确定

根据半成品尺寸 35 mm × 45 mm × 71 mm,应选择 71 mm × 45 mm 的平面为精基准面。

3. 工件的装夹

由于该工件的尺寸较小,精度要求较高,选用机用平口钳装夹工件。将平口钳安放在工作台中间位置,利用百分表校正固定钳口与工作台纵向进给方向平行,然后将工件的基准面与固定钳口相贴合,在平口钳的导轨面上垫上合适的平行垫块,然后夹紧工件。

4. 铣刀转角调整

先用活扳手松开立铣头右边圆锥销顶端的六角螺母,拔出圆锥定位销;松开立铣头回转盘上的四个螺母;根据转角要求,转动立铣头回转盘左侧的齿轮轴,使回转盘上 10° 刻线与固定盘上的基准线对准,最后紧固立铣头回转盘上的四个螺母。

5. 铣削过程

(1)粗铣 10° 斜面。移动横向、纵向工作台,升高垂向工作台,目测端铣刀处于工件的中间位置,将纵向工作台紧固。开启主轴,升降台带动工件缓缓升高,铣刀端面齿刃与工件端面交角处接触,如图 3 – 35(a)所示,移出工件并在垂向刻度盘上做好标记。分两次调整铣削层深度,第一次垂向工作台升高 5 mm,第二次垂向工作台升高 4 mm,横向自动进给粗铣出斜面,如图 3 – 35(b)所示。

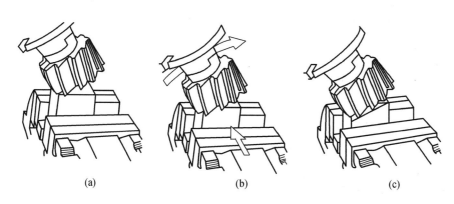

图 3 – 35　10° 斜面的铣削过程

(a)对刀;(b)粗铣;(c)精铣

（2）精铣 10°斜面。粗铣后,通过调整,将垂向工作台升高一定的距离,铣至斜面与工件的一边相交如图 3 – 35（c）所示。卸下工件,利用游标卡尺测量斜面至端面的宽度约为70.5 mm,万能角度尺测量角度为 10°±20′。

（3）粗铣 70°斜面。正确安装 ϕ32 mm 锥柄立铣刀,利用平口钳再次装夹工件。调整主轴转角,使回转盘上 20°刻线与固定盘上的基准线对准,紧固立铣头。移动横向、纵向工作台,升高垂向工作台,目测立铣刀齿刃超过工件底面约为 3 mm。开启主轴,移动横向、纵向工作台,使铣刀周边齿刃与工件端面交角处接触,如图 3 – 36（a）所示,横向移出工件并在垂向刻度盘上做标记。纵向工作台分三次进行铣削,第一次为 5 mm、第二次为 4 mm、第三次为3 mm,并紧固纵向工作台,横向自动进给粗铣斜面,如图 3 – 36（b）所示。

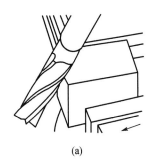 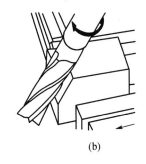 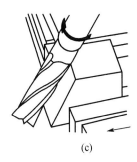

(a)　　　　　　　　　　(b)　　　　　　　　　　(c)

图 3 – 36　70°斜面铣削过程

(a)对刀;(b)粗铣;(c)精铣

（4）精铣 70°斜面。纵向工作台移动约 1 mm 进行半精铣,直至斜面的一边与工件端面相交,如图 3 – 36（c）所示。用游标卡尺测量斜面至端面的尺寸与实际尺寸(70 ±0.1)mm 进行比较,再次纵向移动一定的距离,直至尺寸达到图纸要求,万能角度尺测量角度为70°±20′。

3.8.5　技能实训 14——铣六角面工件

1. 技能训练目标

（1）掌握用圆柱形铣刀铣六角平面的方法。

（2）掌握斜面的测量方法。

（3）会分析铣削中出现的质量问题。

2. 六角平面铣削加工图

应用所学斜面铣削加工方法,完成图 3 – 37 所示六角面铣削的零件平面。

3. 训练设备与器材

（1）X5025A 立式升降台铣床　　　　　　　　　　　　　　　　　　一台

（2）机用平口钳　　　　　　　　　　　　　　　　　　　　　　　　一副

（3）螺旋圆柱铣刀（ϕ80 mm ×80 mm ×ϕ32 mm,z =8 ）　　　　　一把

4. 切削用量选择

v_f = 65 mm/min,n = 198 r/min。

5. 六角平面工件铣削的步骤

（1）看图并检查毛坯尺寸 75 mm ×45 mm ×75 mm,计算加工余量。

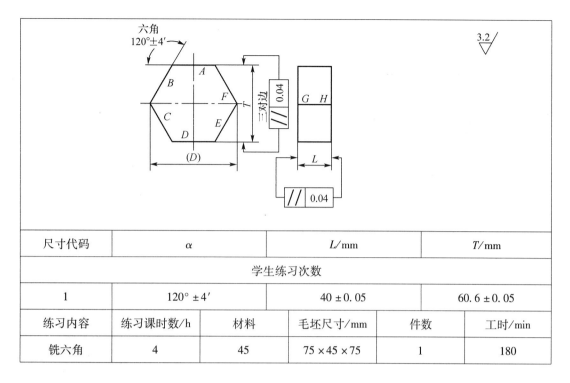

尺寸代码	α		L/mm		T/mm
学生练习次数					
1	$120° \pm 4'$		40 ± 0.05		60.6 ± 0.05
练习内容	练习课时数/h	材料	毛坯尺寸/mm	件数	工时/min
铣六角	4	45	$75 \times 45 \times 75$	1	180

图 3-37 铣六角件加工图

（2）选用螺旋圆柱铣刀,规格为 $\phi80\ \text{mm} \times 80\ \text{mm} \times \phi32\ \text{mm}$, $z=8$ 的圆柱铣刀,选择合适的刀杆,将铣刀安装在刀杆上,尽量靠近铣床主轴。(3)选用机用平口钳装夹工件,校正固定钳口,使其与横向进给方向平行,然后紧固。

（4）选择合适的铣削用量,主轴转速为 198 r/min,进给量为 65 mm/min,将主轴变速箱和进给变速箱上各手柄扳至所需位置。

（5）铣削。

①用铣平面的方法铣出 G 和 H 两面,保证尺寸 L 及平行度。

②用铣平面的方法铣出 A 和 D 两面,保证尺寸 T 及平行度。

③画出 B 和 E 面的加工线。

④将工件放在钳口内,找正 B 面铣削,保证 A 面与 B 面的夹角;以 B 面为水平基准,铣削 E 面,保证 D 面与 E 面的夹角、尺寸 T 及平行度。

⑤画出 F 和 C 面的加工线。

⑥将工件放在钳口内,找正 F 面铣削,保证 A 与 F 面的夹角;以 F 面为水平基准,铣削 C 面,保证 D 与 C 面的夹角、尺寸 T 及平行度。

（6）去毛刺,测量工件尺寸:(40 ± 0.05) mm、平行度、$120° \pm 4'$、Ra 值为 3.2 μm 和 (60.6 ± 0.05) mm,检查是否符合要求,若不符合应重新铣削到图样要求尺寸。

6. 操作注意事项

（1）铣削时切削力应靠向平口钳的固定钳口。

（2）调整铣削深度时,如余量过大,可分几次完成进给。

（3）不使用的进给机构就紧固,工作完毕后应松开。

3.9 铣 沟 槽

在铣床上可以加工多种沟槽,如直角沟槽、T 形槽、V 形槽、燕尾槽和锯断等。铣削的沟槽一般用来与其他零件相配,故对宽度、深度和长度等尺寸,以及槽侧面和底面的表面粗糙度、相对平行度均有一定的要求。若要求被铣槽的两侧与工件的两侧面平行,必须把夹具严格地安装得与工作台纵向进给方向平行;若要求铣出的槽与工件两侧面成 10°的夹角,则必须将夹角的基准(如平口钳的固定钳口)调整到与纵向进给方向成 10°的夹角。

下面就直角沟槽、T 形槽、V 形槽、燕尾槽和锯断的铣削方法与技能分别进行讲解。

3.9.1 铣直角沟槽

如图 3 - 38 所示,直角沟槽有敞开式、半封闭式和封闭式三种。敞开式直角沟槽一般用三面刃铣刀加工;封闭式直角沟槽一般采用立铣刀或键槽铣刀加工;半封闭式直角沟槽则须根据封闭端的形式,采用不同的铣刀进行加工。

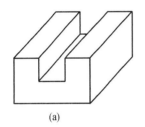 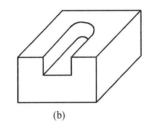 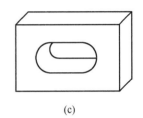

(a)   (b)   (c)

图 3 - 38 直角沟槽的种类

(a)敞开式;(b)半封闭式;(c)封闭式

1. 用三面刃铣刀铣直角沟槽

三面刃铣刀特别适宜加工较窄和较深的敞开式或半封闭式直角沟槽。对槽宽尺寸精度较高的沟槽,通常选择小于槽宽的铣刀,采用扩大法,分两次或两次以上铣削至要求。

2. 用立铣刀铣削直角沟槽

立铣刀适宜加工两端封闭、底部穿通、槽宽精度要求较低的直角沟槽,如各种压板上的穿通槽。由于立铣刀的端面刀刃不通过中心,因此加工封闭直角沟槽时要预钻落刀孔。立铣刀的强度及铣削刚性较差,容易折断或"让刀",使槽壁在深度方向有斜度。所以加工较深的槽时应分层铣削,进给量要比三面刃铣刀小些。对于尺寸较小,槽宽要求较高,深度较浅的封闭式或半封闭式直角沟槽,可采用键槽铣刀加工。分层铣削加工时就在槽的一端吃刀,以减小接刀痕迹。

3.9.2 在铣床上铣削沟槽举例

以图 3 - 39 所示工件为例,介绍以立式铣刀铣削沟槽的具体加工步骤。

1. 机床与刀具的选择

根据图纸,确定该工件在 X5032 立式铣床上加工;切削刀具选用 ϕ20 mm 的直柄立铣刀。

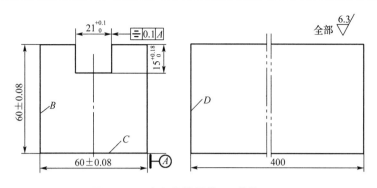

图 3 - 39　直角沟槽零件图(单位:mm)

2. 基准确定

加工矩形工件时,应选择较大的平面作为基准面,根据半成品尺寸 60 mm × 60 mm × 400 mm, 应选择 B 面为精基准面。

3. 工件的装夹

由于该工件的尺寸较小,精度要求较高,选用组合压板装夹工件。将工作台和工件底面 C 面擦干净,工件置于工作台中间位置,选用合适的压板轻轻压紧工件,要压在工件刚性最好的地方,不得与刀具或主轴头发生干涉。利用百分表校正基准面 B 面与工件台纵向进给方向平行,然后压紧工件。

4. 对刀方法

(1)侧面对刀。开启主轴,移动横向工作台,使旋转的立铣刀缓缓与工件侧面相接触时停止移动,在横向刻度盘上做好记号,纵向退出工件。根据测量零件尺寸和图纸尺寸进行计算,横向工件台移动距离为铣刀半径加上零件厚度的一半,使铣刀的中心在零件的对称平面上,并紧固横向工作台。

(2)深度对刀。移动机床纵向、垂向工作台,使工件铣削部位处于铣刀下方。开启主轴,升降台带动工件缓缓升高,使铣刀刚好切削到工件后停止上升,在垂向刻度盘上做标记,停车后下降工作台,纵向退出工件。然后垂向工作台分两次升高 14 mm,留 1 mm 精铣余量。

5. 铣削过程

(1)粗铣。垂向工作台分两次调整铣削层深度,每次进给 7 mm,开启主轴,纵向自动进给铣出直角沟槽。用游标卡尺测量槽宽 20 mm,槽深 14 mm 以及槽的对称度。

(2)精铣。确认并调整铣刀中心准确后,松开横向工作台手柄后,向前移动 0.5 mm,进给横向工作台,垂向升高 1 mm,纵向自动进给铣削出槽的一个侧面。再次松开横向工作台后反向移动 1 mm,并消除工作台丝杆与螺母间隙,紧固横向工作台,纵向自动进给,铣出槽的另一面。测量槽的宽度和深度,符合图纸要求,表面粗糙度 Ra 值应小于 6.3 μm。

3.9.3　技能实训15——用三面刃铣刀铣直角沟槽

1. 技能训练目标

(1)掌握用三面刃铣刀铣直角沟槽的方法。

(2)能正确选择铣刀。

(3)会分析铣削中出现的质量问题。

2. 直角沟槽铣削加工图

如图 3 - 40 所示直角沟槽零件图,用三面刃铣刀加工完成。

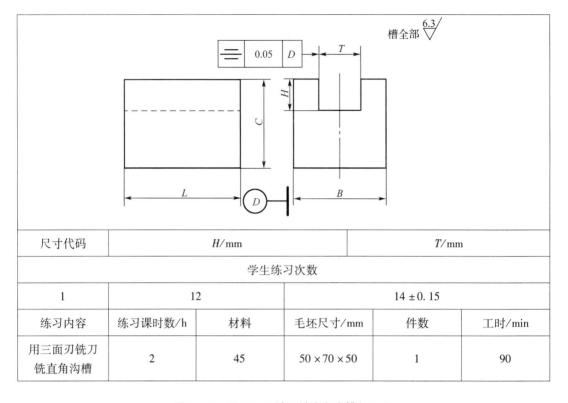

尺寸代码	H/mm		T/mm		
学生练习次数					
1	12		14 ± 0.15		
练习内容	练习课时数/h	材料	毛坯尺寸/mm	件数	工时/min
用三面刃铣刀铣直角沟槽	2	45	50 × 70 × 50	1	90

图 3 - 40 用三面刃铣刀铣直角沟槽加工图

3. 训练设备与器材

(1)X6132 卧式升降台铣床　　　　　　　　　　　　　　　　　　　一台

(2)机用平口钳　　　　　　　　　　　　　　　　　　　　　　　　一副

(3)三面刃铣刀($\phi80$ mm × 14 mm × 27 mm, $z = 18$)　　　　　　一把

4. 切削用量选择

$v_f = 55$ mm/min, $n = 80$ r/min。

5. 铣削加工步骤

(1)看图并检查毛坯尺寸 50 mm × 70 mm × 50 mm,并画出槽的顶线和端线。

(2)选用三面刃铣刀,规格为 $\phi80$ mm × 14 mm × 27 mm, $z = 18$ 铣刀,选择合适的刀杆,将铣刀安装在刀杆上,并使铣刀尽量靠近主轴。

(3)选用机用平口钳装夹工件,校正固定钳口,使其与纵向进给方向平行,然后紧固。

(4)将工件放在钳口内,垫上平行垫铁,夹紧并检查工件与垫铁是否贴紧。

(5)选择合适的铣削用量,主轴转速为 80 r/min,进给量 55 mm/min,将主轴变速箱和进给变速箱上各手柄扳至所需位置。

(6)对刀调整。调整工作台,使铣刀处于铣削位置,目测铣刀两侧刃与工件槽宽线对齐;启动机床,摇动垂向手柄,使铣刀与工件上表面刚刚接触,在垂向刻度盘上做好记号;继续操纵,切出刀痕,停机,检查刀痕是否与两侧面距离相等,若有偏差,需要重新调整,试切至相等;紧固横向工作台,使工件先垂向后纵向退出。

（7）铣沟槽。摇动垂向手柄,调整铣削深度,如果深度过大,可以分几次进给完成;摇动纵向手柄,使工件靠近铣刀至刚刚接触;打开切削液开关,纵向机动进给完成铣削;停机,关闭切削液开关,拆卸工件。

（8）去毛刺,测量工件尺寸 12 mm、(14 ± 0.15)mm,工件的对称度和表面粗糙度 Ra 值为6.3 μm,检测后若不符合要求,应重新铣削加工到图样要求尺寸。

6. 操作注意事项

（1）铣精度要求较高的直角沟槽时,可选择小于槽宽的铣刀,先铣好槽深,再扩铣槽宽。

（2）铣削中不用的进给机构应紧固。

（3）调整铣削深度时,如深度过大,可分几次完成进给。

3.9.4　铣 T 形沟槽

T 形槽形状如图 3 – 41(a)所示,其中直角槽的槽宽及形状位置精度要求较高,底槽的工艺要求较低。铣削加工底槽应选用 T 形槽铣刀,T 形槽铣刀颈部较细,强度低,铣削时应特别注意。具体操作步骤如下:

1. 铣直角沟槽

如图 3 – 41(b)所示,这一步是加工直角沟槽,详细步骤同前面谈到的直角沟槽加工方法。注意装夹工件时,应校正工件上平面与台面平行(垫工件底面或由定位底面保证),工件的导向定位基准面(侧面)与进给方向平行。

2. 铣 T 形槽底槽

如图 3 – 41(c)所示,铣底槽是 T 形槽铣加工中的难点。若铣封闭式 T 形槽,应先在工件上按画线钻落刀孔,孔径应略大于底槽宽度 b。铣底槽应选用直径等于底槽宽 b、刀宽等于底槽深 c 的 T 形槽铣刀。调整升降台使 T 形槽铣刀下端与已加工好的直槽底面对齐后进行铣削。如果采用在卧式铣床上铣直角沟槽,再在立铣上铣 T 形槽底槽时,应在试切中调整工件台使 T 形槽铣刀同时切到直角沟槽的两边再进给切削。

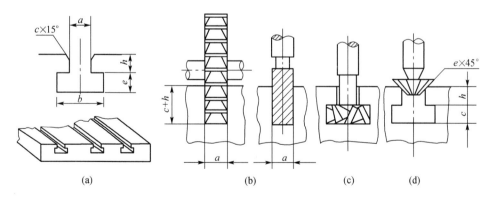

图 3 – 41　T 形槽的形状与加工顺序

(a)T 形槽形状;(b)铣直角沟槽;(c)铣 T 形槽底槽;(d)铣倒角

3. 铣倒角

如图 3 – 41(d)所示,一般在立铣床上换装指形倒角铣刀进行加工。

最后用游标卡尺检验各部位尺寸,然后用同样的方法铣第二、第三等各条 T 形槽。这种一条一条进行加工的方法,适用于加工少量的零件。因为调换铣刀后 T 形槽与铣刀的中心位置变化很小,所以铣出的工件质量较高,但装拆铣刀费时。在零件数量多时,为了提高生产率,可用三面刃盘铣刀或立铣刀先将直角槽全部铣好,然后再铣 T 形槽。这时工件的各个铣削位置可由夹具保证,以便减少校正的时间。

4. 操作注意事项

(1)进给要均匀,防止突然进给,导致刀具受冲击力作用而折断。

(2)应经常清除切屑。

(3)刀刃要保持锋利,以维护切削能力。

(4)因切削条件差,应选用较低的铣削速度及较小而又适当的进给量。

(5)铣钢件时,要充分施加切削液。

3.9.5 技能实训 16——铣 T 形槽

1. 技能训练目标

(1)掌握 T 形槽的铣削方法。

(2)能正确选择铣 T 形槽的铣刀。

(3)会分析铣削中出现的质量问题。

2. T 形槽铣削加工图

铣削如图 3-42 所示的 T 形槽。

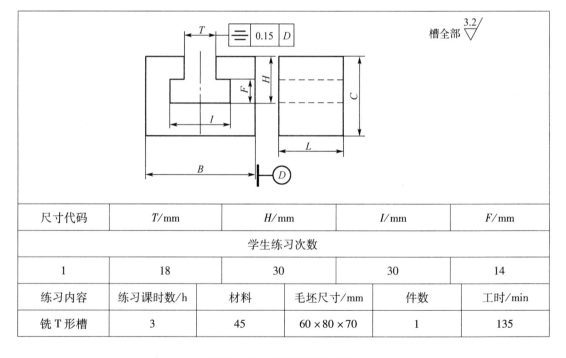

尺寸代码	T/mm	H/mm	I/mm	F/mm
学生练习次数				
1	18	30	30	14
练习内容	练习课时数/h	材料	毛坯尺寸/mm	件数	工时/min
铣 T 形槽	3	45	60×80×70	1	135

图 3-42　铣 T 形槽加工图

3. 训练设备与器材

(1)X5025 立式升降台铣床　　　　　　　　　　　　　　一台

(2) 机用平口钳　　　　　　　　　　　　　　　　　　　　　　　一副

(3) 立式铣刀（$\phi 18$ mm, $z = 3$ ）　　　　　　　　　　　　　　　一把

(4) T 形槽铣刀（$\phi 30$ mm $\times 14$ mm ）　　　　　　　　　　　　一把

4. 切削用量选择

铣削直角沟槽：$v_f = 55$ mm/min，$n = 120$ r/min。

铣削 T 形槽：$v_f = 37.5$ mm/min，$n = 100$ r/min。

5. 铣削加工步骤

(1) 看图并检查毛坯尺寸 60 mm $\times$ 80 mm $\times$ 70 mm，并画出窄槽和 T 形槽的轮廓线。

(2) 选用立铣刀和 T 形槽铣刀，规格分别为 $\phi 18$ mm, $z = 3$ 和 $\phi 30$ mm $\times 14$ mm 的铣刀，先将立铣刀用快换夹头安装在立铣头锥孔中。

(3) 选用机用平口钳装夹工件，校正固定钳口，使其与纵向进给方向平行，然后紧固。

(4) 将工件放在钳口内，校正工件上表面与工作台面平行，然后夹紧。

(5) 选择合适的铣削用量，主轴转速为 120 r/min，进给量为 55 mm/min，将主轴变速箱和进给变速箱上各手柄扳至所需位置。

(6) 对刀调整。调整工作台，使铣刀位于工件端面，目测铣刀在端面的中间位置，启动机床，摇动纵向手柄，切出刀痕，停机，使工件纵向退出，测量刀痕与工件两侧是否距离相等，若不等，调整横向工作台，再进行试切直至相等，紧固横向工作台；启动机床，操纵手柄，使铣刀与工件刚刚接触，在垂向刻度盘上做好记号，使工件先垂向后纵向退出。

(7) 切直角沟槽。启动机床，摇动垂向手柄，使工作台上升 H；摇动纵向手柄，使工件靠近铣刀至接触，打开切削液开关，纵向机动进给切出直角沟槽；停机，关闭切削液开关，使工件先垂向后纵向退出。

(8) 切 T 形槽。换刀，调整切削用量；启动机床，操纵手柄，使 T 形槽铣刀的端面齿刃擦至槽底；摇动纵向工作台，使工件直角沟槽两侧同时接触铣刀，并切出刀痕，退出工件，测量槽深及两侧的对称度，若不符合要求，需要调整工作台，试切至符合要求；继续手动进给，当铣刀一小部分进入工件后改为机动进给，同时打开切削液开关，铣出 T 形槽；停机，关闭切削液开关，拆卸工件。

(9) 去毛刺，测量工件尺寸 30 mm，工件的对称和表面粗糙度 Ra 值为 3.2 μm，检测后若不符合要求，应重新铣削加工到图样要求尺寸。

6. 操作注意事项

(1) T 形槽铣刀切削时，刀具埋在工件里，切屑不易排出，应经常退出铣刀，清除切屑。

(2) T 形槽铣刀切削时，切削热不易散发，应充分浇注切削液。

(3) T 形槽铣刀在切出工件产生顺铣，会使工件台窜动而折断铣刀，刚出刀时应改为手动缓慢进给。

(4) T 形槽铣刀切削时切削条件差，要用较小的进给量和较低的切削速度。

3.9.6　铣 V 形沟槽

铣床上铣 V 形槽，一般是使用角度铣刀直接铣出或采用改变铣刀切削位置或改变工件装夹位置的方法。

(1) 角度铣刀铣 V 形槽。使用角度铣刀加工 V 形槽之前，应先用锯片铣刀将槽中间的窄槽铣出，窄槽的作用是使用角度铣刀铣 V 形面时保护刀尖不被损坏，同时，使与 V 形槽配

合的表面间能够紧密贴合。铣削时,应该注意窄槽的中心必须与 V 形槽的中心相重合。

如图 3-43(a)所示是使用单角铣刀铣 V 形槽情况。单角铣刀的角度等于 V 形槽角度的一半。铣完一面后将工件转过 180°,将 V 形槽的另一面切削出来,或者将铣刀卸下转动 180°,重新安装好后,将 V 形槽铣出。

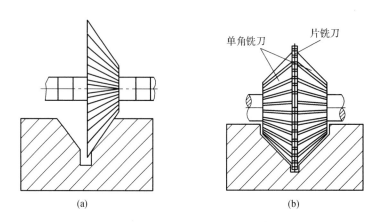

图 3-43 角度铣刀铣削加工 V 形槽的铣削

(a)单角度铣刀切削 V 形槽;(b)组合铣刀铣削 V 形槽

用单角度铣刀铣 V 形槽,也常常采用组合铣削的方法,如图 3-43(b)所示,就是将锯片铣刀和两个直径、角度相同的刀刃口相反的单角铣刀(单角铣刀一般为右切削,根据用户订货要求,也可以制成左切削铣刀)并装在一起,组成所需要的角度,一次可将窄槽和 V 形槽同时铣出。

(2)改变铣刀切削位置铣 V 形槽。所加工 V 形槽为 90°时,可用套式面铣刀铣削,这时,利用铣刀圆柱面刀齿与端面刀齿互成垂直的角度关系,将铣头转动 45°,把 V 形槽一次铣出,如图 3-44(a)所示。这在加工中要注意选择好铣刀的直径,防止用小直径铣刀铣大尺寸 V 形槽,这样会出现不良的加工情况。

如果 V 形槽夹角大于 90°,这时可使用立铣刀,按照 V 形槽一半的角度 θ 转动铣头先铣出一面,然后使铣头转动 2θ 的角度,将 V 形槽的另一面加工出来,如图 3-44(b)所示。

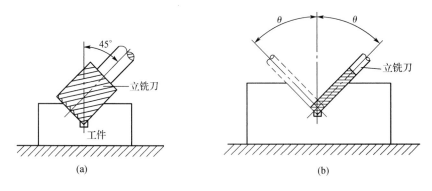

图 3-44 改变铣刀切削位置铣 V 形槽

(a)利用圆柱铣刀铣削 V 形槽;(b)立铣刀转角度铣削 V 形槽

(3)改变工件的装夹位置铣 V 形槽。如图 3-45 所示,是使用专用夹具改变工件安装位置铣出 90°形槽的情况,这时工件安装位置倾斜,用三面刃铣刀或其他直角铣刀切削。

3.9.7　铣削燕尾槽

带燕尾槽的零件在铣床和其他机械中经常见到,如图 3 - 46 所示,铣床床身和悬梁相配合的导轨槽就是燕尾槽。

铣削燕尾槽要先铣出直角槽,然后使用燕尾槽铣刀铣削燕尾槽,如图 3 - 47(a)所示。燕尾槽铣刀的刚性比T 形槽铣刀弱,更容易折断,所以在切削中要经常注意清理切屑,防止堵塞,选用的切削用量要适当,并且注意充分使用切削液冷却润滑。

另外,在铣削燕尾槽时,在缺少燕尾槽铣刀的情况下,可以使用单角铣刀代替进行加工,如图 3 - 47(b)所示,这时,单角铣刀的角度要和燕尾槽角度相一致,并且铣刀杆不要露出铣刀端面,防止有碍切削加工,也可选用内胀式夹紧铣刀的铣刀杆。

铣削完毕后,先用万能量角器检验燕尾槽的角度是否正确,再用游标卡尺和深度尺检验燕尾槽的宽度和深度。

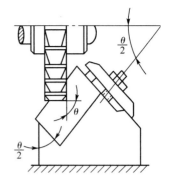

图 3 - 45　改变工件装夹
位置铣 V 形槽

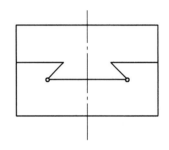

图 3 - 46　燕尾槽的形状

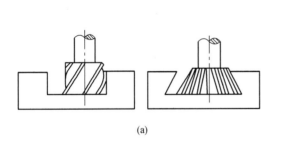

(a)

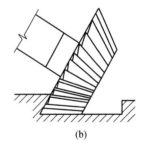

(b)

图 3 - 47　燕尾槽的加工方法
(a)燕尾槽铣刀铣削;(b)单角铣刀铣削

3.9.8　技能实训 17——铣燕尾槽

1. 技能训练目标
(1)掌握燕尾槽的铣削方法。
(2)能正确选择铣燕尾槽的铣刀。
(3)掌握加工燕尾槽时的有关测量与计算。
(4)会分析铣削中出现的质量问题。

2. 燕尾槽铣削加工图
用铣削方法加工如图 3 - 48 所示的燕尾槽。

3．训练设备与器材

（1）X5025 立式升降台铣床 .... 一台

（2）机用平口钳 .... 一副

（3）立铣刀（ $\phi 25$ mm、$z = 3$ ） .... 一把

（4）燕尾槽铣刀（ $\theta = 50°$ ） .... 一把

4．切削用量选择

铣削直角沟槽：$v_f = 60$ mm/min，$n = 185$ r/min。

铣削燕尾槽：$v_f = 35$ mm/min，$n = 80$ r/min。

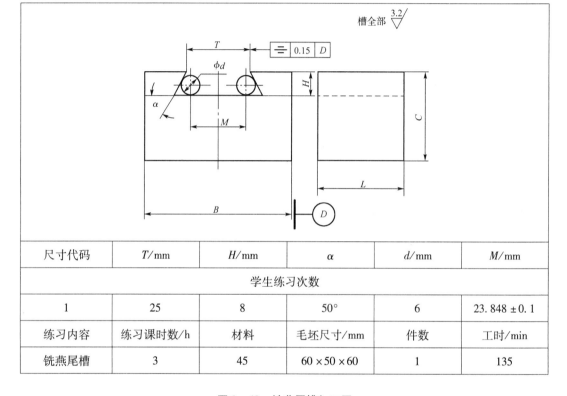

尺寸代码	T/mm	H/mm	α	d/mm	M/mm
学生练习次数					
1	25	8	50°	6	23.848 ± 0.1
练习内容	练习课时数/h	材料	毛坯尺寸/mm	件数	工时/min
铣燕尾槽	3	45	$60 \times 50 \times 60$	1	135

图 3－48 铣燕尾槽加工图

5．铣削加工步骤

（1）看图并检查毛坯尺寸 60 mm×50 mm×60 mm，并画出燕尾槽的顶部和端部的轮廓线。

（2）选用立铣刀和燕尾槽铣刀，规格分别为 $\phi 25$ mm、$z = 3$ 和 $\theta = 50°$ 的铣刀，将铣刀安装在立铣头锥孔中。

（3）选用机用平口钳装夹工件，校正固定钳口，使其与纵向进给方向平行，然后紧固。

（4）将工件放在钳口内预紧，校正工件上表面与工作台面平行，然后夹紧。

（5）选择合适的铣削用量，主轴转速为 185 r/min，进给量 60 mm/min，将主轴变速箱和进给变速箱上各手柄扳至所需位置。

（6）对刀调整。调整工作台，使工件位于工件端面，目测铣刀在端面的中心的位置，启动机床，摇动纵向手柄，切出刀痕，停机，使工件纵向退出，测量刀痕与工件两侧距离是否相等，若不相等，需要调整横向工作台，再进行试切至相等，紧固横向工作台；启动机床，操纵手柄，使铣刀

与工件上表面刚刚接触,在垂向刻度盘上做好记号;操纵手柄,使工件先垂向后纵向退出。

(7)切直角沟槽。摇动垂向手柄,调整铣削深度,留 0.2 mm 余量;启动机床,打开切削液开关,摇动纵向手柄,使工件靠近铣刀直至接触,纵向机动进给铣直角沟槽;停机,关闭切削液开关,使工件先垂向后纵向退出。

(8)切燕尾槽。换燕尾槽铣刀;启动机床,调整工作台,使工件槽底与铣刀端面接触,在横向和纵向刻度盘上做好记号,纵向退出工件;操纵垂向手柄,调整深度余量为 0.2 mm,手动纵向进给,切出刀痕,测量深度 H,若不对,需要重新调整工作台,试铣,测量,直至符合要求;计算横向移动量,操纵横向手柄,使工件横向移动,留 0.5 mm 为精铣余量,如果粗铣余量过大,可分几次铣削,紧固工作台;启动机床,打开切削液开关,先手动纵向切入,再改为机动进给,主轴转速为 80 r/min,进给量 35 mm/min;停机,关闭切削液开关,纵向退出工件;去毛刺,测量工件,根据测量数据,调整横向工作台,完成燕尾槽一侧的精铣。用上述方法铣削燕尾槽的另一侧,停机,关闭切削液开关,拆卸工件。

(9)去毛刺,测量工件尺寸为 23.848 mm、工件的对称度和表面粗糙度 Ra 值为 3.2 μm,检测后若不符合要求,应重新铣削加工到图样要求尺寸。

6. 操作注意事项

(1)校正工件时应消除工作台的不平行度误差。

(2)装夹工件时校正其面,使其与纵向工作台进给方向平行。

(3)若横向粗铣余量过大,可分几次铣削。

(4)加工时注意计算要正确,进给要准确。

(5)加工时注意刀具会变钝和产生振动。

3.9.9　锯断

铣床可以进行矩形、圆柱形等各种工件的切断加工,且切口平整,生产效率高。

1. 切断长度的控制方法

切断时,注意掌握切削位置,控制好切断长度。单件和少量加工,常利用钢直尺或游标卡尺测量长度,还可以利用工作台一端的进刀刻度盘掌握被切断长度的尺寸。

在大批量切断等长工件时,就需要使用专用工具省去每次切割都去测量一次的烦琐,节省许多时间。如图 3-49 所示的工具,主体固定在底板上,底板固定在铣床工作台上,它和平口钳配合使用。在主体上有五个孔或制成更多孔,它和圆棒配合在一起,圆棒插入孔内后,用螺钉固紧。圆棒更换插孔位置,可改变被切断工件的限定长度。使用时,将工件向着圆棒推去,当工件端部和圆棒接触定位后,利用平口钳把工件夹紧,进行切割。

设计该工具时,要注意使圆棒与工件端部的上部分接触,且接触长度短,面积要小,防止切断后工件不能自由落下,以致损坏铣刀。若出现工件切断后不能迅速脱落的情况,可采用工件端部和圆棒接触定位后,每次都将圆棒退回,待被切断工件自动落下,重新将圆棒伸出,这样循环进行。

如图 3-50 所示是一种组合形式的挡料工具,很适合批量切断等长工件时使用。它由挡杆、两个调节板和六角螺钉组成。工作时,用连接螺钉将整个工具固定在机用平口钳上(平口钳上制出专用螺孔与该工具的连接螺钉配合)或固定在角铁或其他夹具上,根据工件情况,通过紧固螺钉改变两个调节板的角度和高度,通过六角螺钉调整挡杆的伸出长度,切削位置确定好后,即可进行切断工作。

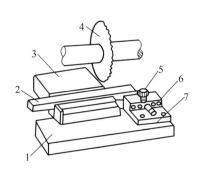

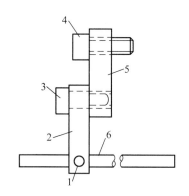

图 3－49　切断等长工件的工装

1—底板；2—工件；3—平口钳；4—铣刀；

5—螺钉；6—圆棒；7—主体

图 3－50　组合式挡料工装

1—六角螺钉；2—调节板；3—紧固螺钉；

4—连接螺钉；5—调节板；6—挡杆

2. 锯片铣刀的应用

锯片铣刀两侧面没有切削刃，并且在同一个锯片铣刀上，外周边厚度比中间厚度大（即越接近中心越薄），这是为了减小摩擦，使切削轻快。同时，避免切割中将工件挤住。这种铣刀都很薄，极易损坏，所以使用中要注意以下几个方面：

（1）因锯片铣刀厚度薄，不能承受轴向力，铣削中，如果一侧受力，另一侧不受力时，会产生偏置现象，切出的截面容易扭曲，甚至损坏铣刀。为了减少锯片铣刀的损坏，可设法增加它的强度。例如，锯割浅槽时，可用夹持片夹住锯片铣刀的两侧。由于锯片铣刀的规格大小不同和切深不一样，所以夹持片也应按不同情况制造，以适应锯割各种不同沟槽的需要。

（2）切断空心或带孔一类的工件（如管件等）时，当工件很长，在不宜采用穿进心轴进行夹持的情况下，如果采用夹紧或压紧的方法安装，若夹紧力太小，工件会从夹具中跳出，若夹得太紧，工件会变形，这时就需要考虑铣削力对切削的影响。如图 3－51（a）所示，铣刀越向下切入，铣削力就会越向上，甚至接近垂直方向，这样工件越容易从夹具中跳出来，因此只要铣刀能铣透就行了，如图 3－51（b）所示，不必切得太深。

（3）要注意选择好工件的夹紧部位，如图 3－52 所示是一种不正确方法，这样，切断时会夹住铣刀，造成铣刀断裂。如果将工件转动 90°后再夹紧，就不会出现那样不良的情况。

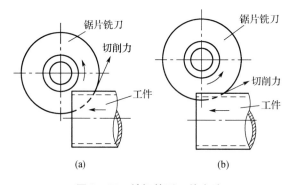

图 3－51　铣切管形工件方法

（a）不正确；（b）正确

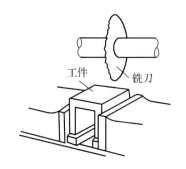

图 3－52　不正确的工件安装位置

（4）锯片铣刀切割位置应接近夹紧部位，这样可增加稳定性，减少振动。

（5）在球形表面切断工件时，铣刀齿和球面接触后，由于刀体薄弱，容易发生偏移，造成切断截面歪扭，所以应该在切断处先铣出个小平面，此时要避免下刀时铣刀齿出现歪斜。

（6）按照被加工材料的切削性能，正确选用锯片铣刀。

在加工黄铜、纯铜、铝、铝合金、不锈钢一类材料时，这些材料的延伸率较高，韧性大，切屑不易分离，它在外力及切削力的作用下，易与别的金属发生亲和熔着现象，造成刀刃黏附，形成切削瘤。并且，切削中，切屑在刀齿的容屑槽内挤压，甚至造成打刀。在切割这一类韧性大的金属时，应该选用疏齿形锯片铣刀。

相同直径的锯片铣刀的刀齿数是不一样的，如直径为 80 mm 的粗齿锯片铣刀，齿数有 40,32,24,20 等几种。疏齿形锯片铣刀齿数少、齿距大、齿深大，容屑空间大，排屑流畅，切屑不易堵塞，这种铣刀的刀齿强度得到提高，能承受大的切削力，可能增加铣削用量。

而铣削脆性金属，如铸铁工件，可使用普通锯片铣刀。

3.10　铣　键　槽

轴上安装键的槽称为键槽，键槽有敞开式和封闭式两种。前者只能用盘形铣刀和立铣刀加工，后者只能用立铣刀和键槽铣刀加工。封闭式键槽采用立铣刀加工，因铣刀中间无切削刃，不能向下进刀，需在键槽端部先钻一个落刀孔，然后再进行铣削；若用键槽铣刀，端部有切削刃，可以直接下刀，但进给量应小些。

3.10.1　工件的装夹方法

在铣削轴上的键槽时，工件可用机用平口钳、V 形铁或者分度头装夹。无论用哪一种方法，都必须使工件的轴心线既与工作台纵进给方向平行，又与工作台平面平行。为了保证这两点，可以把百分表的磁性表座吸附在铣床垂直导轨或横梁上，按照机用平口钳的固定钳口校正，或者按照标准心轴的上母线和侧母线，校正 V 形铁和分度头的位置。校正时，百分表指针的偏摆，一般在 100 mm 长度上允许 0.02~0.03 mm。

使用平口钳装夹工件的优点是简单方便，刚性好，但工件直径的差异会使工件轴线的水平位置发生变动，如图 3-53（a）所示。这样，在调整好铣床加工一批工件时，特别是外圆没有磨过的工件，会由于工件直径的差异而使键槽的两侧面与外圆轴心线不对称。因此，这种装夹方法适合于单件生产的场合。在成批生产中需将工件按直径大小分组，加工完一组后，再调整机床加工另一组。

使用 V 形铁装夹工件时，如图 3-53（b）所示，如果铣键槽的部位朝上，那么工件直径的差异不会影响轴线水平位置的变动。也就是说，不会影响键槽两侧面与外圆轴心线的不对称，只会影响槽的深度。

在使用分度头装夹工件时，如图 3-53（c）所示，工件直径的差异不会影响其轴线位置的变动。因此对于键槽对称要求比较高的工件，在成批生产时使用分度头装夹比较好。

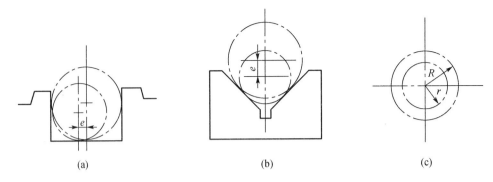

图 3 − 53　工件装夹方法对中心位置的影响

(a)用平口钳装夹;(b)用 V 形铁装夹;(c)用分度头装夹

3.10.2　铣刀的选择与使用

对于轴上两端封闭的圆头键槽,可以使用立铣刀和键槽铣刀铣削。立铣刀起主要切削作用的是圆柱刀刃,端面刀刃不到中心,不能沿着轴向进给。因此,用立铣刀铣圆头键槽前,应在轴上键槽的圆头处预先钻好平底孔。立铣刀外径的制造偏差很大,因此,通常先用外径比槽宽小的立铣刀粗铣,然后使用经过专门修磨的立铣刀精铣。修磨时要把立铣刀的外径磨到槽宽公差的下限,并且在安装铣刀时,要用百分表校正圆柱刀刃的径向跳动,一般要求校正到 0.01 mm 之内。

也可用外径比键槽小的立铣刀粗铣后,测量槽的宽度,确定精铣余量,再用同一把铣刀分别精铣键槽的两个侧面。此时,因为需要把横向工作台移动一个比较小的距离,而且又是向着两个方向移动,如果使用刻度盘控制往往达不到要求,应当用百分表量头抵在纵向工作台的侧面,由百分表控制横向工作台的移动量。但要注意,必须使百分表的量头与横向工作台的移动方向平行,这样表上的读数才能反映出真实的移动量。

铣削封闭式的圆头键槽最好使用键槽铣刀。键槽铣刀外径的制造偏差有两种,分别是 e8 和 d8 两种。使用时,只要把键槽铣刀两个圆柱刀刃的径向跳动校正在 0.01 mm,就可以保证铣出的键宽符合公差要求。键槽铣刀的端面刀刃直到中心,可以沿着轴向进给。在铣键槽时,应当把键槽深度分几次进给铣完,这样由于铣削深度比较小,键槽铣刀的圆柱刀刃仅在靠近端面的一小段长度内发生磨损,刃磨时只需磨端面刀刃,可以保证刃磨后铣刀外径不变。

对于轴上两端不封闭的,或者一端不封闭的平头敞开式键槽,可以使用三面刃铣刀和尖齿槽铣刀铣削。三面刃铣刀宽度的制造偏差比较大,刃磨后宽度的变化比较大,因此使用时,应当把它的宽度磨到槽宽的下限,安装时要用百分表校正端面跳动,一般校正到 0.04 ~ 0.05 mm 之内,然后进行试切,看槽宽是否符合要求。

尖齿槽铣刀是一种直齿圆盘铣刀,如图 3 − 54 所示,它只有圆柱刀刃,两端面没有刀刃,为了减小摩擦以及保持刃磨后宽度变化不大,在两端面磨出很小的副偏角。这种铣刀宽度的制造偏差为 + 0.03 ~ + 0.05 mm,适合于加工槽宽为 5 级精度的槽。

轴上的半圆键槽应当用半圆键槽铣刀加工,如图 3 − 55 所示。选择铣刀时,铣刀的外径和宽度须分别与半圆的公称直径和槽宽符合。安装铣刀时,要用百分表校正它的端面跳动。

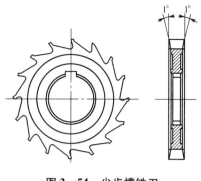

图 3 - 54　尖齿槽铣刀

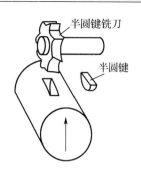

图 3 - 55　铣削半圆键槽

当使用机动进给铣削键槽时,在快铣到长度时,应改用手动进给,以防把槽铣长了。

3.10.3　对中心方法

为了保证键槽两侧面对外圆轴心线的对称要求,在铣键槽之前,必须把工件的轴线对准铣刀的中心,对中心的方法有下面两种方法:

1. 刀痕对中心

这是生产中最常用的方法。对于三面刃铣刀、尖齿槽铣刀和半圆键槽铣刀,可以先凭目测移动工作台,使工件轴线大致对准铣刀宽度的中心,然后用铣刀的圆柱刀刃进行试切,试切的刀痕如图 3 - 56 所示。其中图(a)和图(b)的情况表示中心没对准,应当调整工作台继续试切,铣出的刀痕是椭圆形,如图 3 - 56(c)所示。此时可用手摸刀痕的 A、B 两边,看有没有台阶,再根据两边台阶深浅的差别,进一步调整工作台。通过这种看、摸刀痕的办法对中心,可以把键槽的不对称度控制在 0.1 mm 之内。

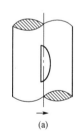

(a)

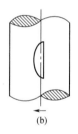

(b)

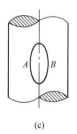

(c)

图 3 - 56　三面刃铣刀、尖齿铣刀、半圆键槽铣刀按刀痕对中心方法
(a)工件应该移动方向;(b)工件应该移动方向;(c)中心对准情况

对于立铣刀和键槽铣刀,可以用它的端面刀刃进行试切,试切所得的刀痕为两个扇形,如图 3 - 57 所示。其中图(a)和图(b)的情况表示中心没有对准,应当调整工作台继续试切,使铣出的刀痕为对称的扇形,那么工件与铣刀的中心就对准了,如图 3 - 57(c)所示。用这种方法对中心,精度可达 0.05 mm。

对于键槽铣刀,也可以用它在工件上切出一个小平面,如图 3 - 58 所示,其宽度小于铣刀外径 d,再用手转动铣刀,调整横向工作台,凭目测使两刀尖与小平面两边框间的距离 a 大致相等,这样就可以初步把中心对准,然后通过上述看两个扇形的方法,做进一步调整。

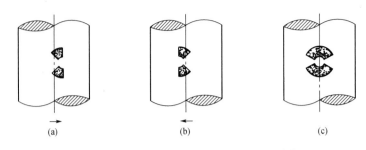

图 3 - 57　立铣刀、键槽铣刀按刀痕对中心的方法

(a)工件应该移动方向;(b)工件应该移动方向;(c)中心对准情况

2. 工件侧面对中心

对中心时,用一张薄纸(厚度约为 0.05 mm)浸透机油暂时贴在工件侧面,如图 3 - 59 所示。开动主轴让铣刀旋转,仔细地移动横向工作台,使三面刃铣刀和尖齿槽铣刀的端面刀刃,或者使立铣刀和键槽铣刀的圆柱刀刃刚擦破薄纸,记下手柄刻度读数,然后将横向工作台移动 A 或 A′距离,便可对准中心。距离 A 和 A′按式(3 - 4)计算。

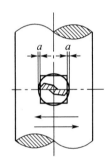

图 3 - 58　键槽铣刀初步对中心的方法

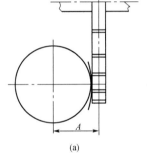
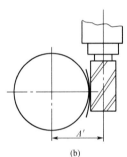

(a)　　　　(b)

图 3 - 59　按工件侧面对中心

$$\begin{cases} A = \dfrac{D}{2} + \dfrac{B}{2} \\ A' = \dfrac{D}{2} + \dfrac{D}{2} \end{cases} \qquad (3 - 4)$$

式中　　D——工件对刀处的外径,mm;

　　　　B——三面刃铣刀或尖齿槽铣刀的宽度,mm;

　　　　D——立铣刀或键槽铣刀的外径,mm。

当工件直径较大时,铣刀可能碰不着工件的侧面,此时,可以在铣床工作台上放一把直角尺,将工件的侧面引出,然后在不开动主轴的情况下按直角尺对刀,调整横向工作台的位置。

3. 环表对中心

当工件采用平口钳装夹时,在主轴上装上杠杆百分表,目测主轴对准工件中心后,将百分表转至固定钳口一侧,垂向上升,使百分表测头与固定钳口相接触约 0.20 mm,用手正反转动主轴,找出最小点,然后转动表盘,使指针对准"0"位。下降垂向工作台,使百分表测头不碰工件,将主轴转过 180°,使百分表在活动钳口一侧,垂向再次上升,转动主轴,观察活动钳口一侧最小点与测头相接触指针是否也对准"0"位,若不对准"0"位,则调整横向工作台,调整量为读数值的一半。

3.10.4　在铣床上铣键槽举例

以图 3－60 工件为例,介绍以键槽铣刀铣削键槽的具体加工步骤。

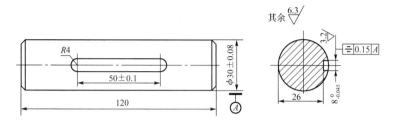

图 3－60　键槽零件图(单位:mm)

1. 机床与刀具的选择

根据图纸在已加工的轴上铣削键槽,确定该工件在 X5032 立式铣床上加工;切削刀具选用 φ8 mm 的直柄键槽铣刀。

2. 基准确定

在轴上加工键槽时,一般选择轴的外圆表面作为基准面。

3. 工件的装夹

由于该工件的尺寸较小,精度要求较高,可选用机用平口钳或万能分度头直接装夹工件,也可利用 V 形架装夹,将 V 形架底面擦干净,放置在工作台面中间,工件置于 V 形架上,并用压板轻轻压紧,如图3－61 所示。利用百分表校正轴的素线,使之与工件台纵向进给方向平行,然后压紧工件。

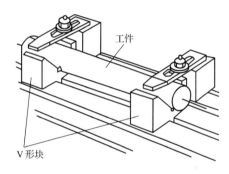

图 3－61　用 V 形架装夹工件

4. 对刀方法

(1)切痕对刀。将工件铣削部位大致调整到铣刀的中心位置下面,紧固纵向工作台。开启主轴,工件垂向缓缓上升,使铣刀端面齿刃接触到工件表面,再略微上升一个高度,横向工作台往复移动,待工件表面切出一个方形切痕,如图 3－58 所示,其宽度略大于铣刀直径。停车并摇动横向手柄,目测使铣刀处于切痕中间,紧固横向工作台,垂向微量上升切出圆痕后停车。下降工作台,仔细观察方形切痕的两边至圆痕的周边距离是否相等。如果两边距离 a 相等即对刀已准,如果不等则根据两边偏差值的一半调整横向工作台,换一个部位再进行对刀,直至两边相等。

(2)侧面对刀。移动铣床工作台,使工件位于铣刀的一侧,铣刀底刃必须超过工件的中心平面。开启主轴,横向移动工作台,使铣刀与工件表面接触,退刀,横向工作台移动一段距离,如图 3－59 所示。横向移动的距离 A 或 A′值已经标出。当工件直径较大,而铣刀可能碰不到工件的侧面时,可用一把 90°角尺将工件的侧面引出,然后在不开动机床的情况下按90°角尺边缘对刀,再按上述侧面对刀的方法调整工作台的横向位置,如图 3－62 所示。此方法精度较高,适用于工件直径较大的键槽加工。

5．铣削过程

调整铣削层深度将工件调整到键槽起始位置，锁紧横向工作台。开启主轴，升高工作台，使铣刀擦到工件表面。冲注切削液，垂向缓慢上升至铣削层深度（若工件外圆留有磨削余量，则铣削层深度应加上磨削余量的一半）。铣削键槽长度，松开纵向工作台紧固螺钉，纵向自动进给，铣完键槽。关闭切削液，下降垂向工作台，停车并在机床上对键槽的宽度、长度、深度进行测量，如小于图样尺寸时，可根据情况进行修正。如键槽精度较高时，可在装好铣刀后用废料试铣，测量槽宽合格后再正式铣削。也可用两把铣刀分粗、精加工。

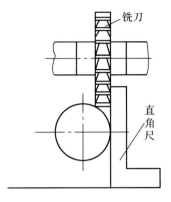

图 3 - 62　直角尺对中心

3.10.5　技能实训18——铣封闭键槽

1．技能训练目标

（1）掌握封闭键槽的铣削方法。

（2）能正确选择铣燕尾槽的铣刀。

（3）掌握键槽测量方法。

（4）会分析铣削键槽中出现的质量问题。

2．封闭键槽铣削加工图

用键槽铣刀铣削如图 3 - 63 所示轴上的封闭键槽。

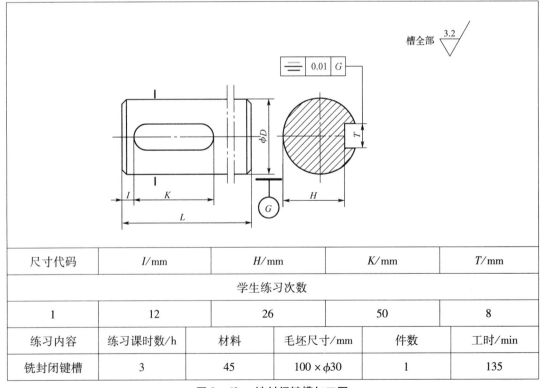

尺寸代码	I/mm	H/mm	K/mm	T/mm
学生练习次数				
1	12	26	50	8
练习内容	练习课时数/h	材料	毛坯尺寸/mm	件数	工时/min
铣封闭键槽	3	45	$100 \times \phi30$	1	135

图 3 - 63　铣封闭键槽加工图

3. 训练设备与器材

（1）X5025 立式升降台铣床　　　　　　　　　　　　　　　一台

（2）机用平口钳　　　　　　　　　　　　　　　　　　　　一副

（3）键槽铣刀（ $\phi 8$ mm，$z = 2$ ）　　　　　　　　　　　　一把

4. 切削用量选择

$v_f = 120$ mm/min，$n = 650$ r/min。

5. 铣削加工步骤

（1）看图并检查毛坯尺寸 100 mm × $\phi 30$ mm，计算出加工余量。

（2）选用键槽铣刀，规格为 $\phi 8$ mm，$z = 2$ 铣刀，选择弹簧夹头或快换铣夹头安装铣刀，校正铣刀的径向跳动误差。

（3）选用机用平口钳装夹工件，校正固定钳口，使其与纵向进给方向平行，然后紧固。

（4）将工件放在钳口内，垫上平行垫铁，夹紧，若有表面粗糙度要求，需要在钳口两侧垫上铜皮。

（5）选择合适的铣削用量，主轴转速为 650 r/min，进给量 150 mm/min，将主轴变速箱和进给变速箱上各手柄扳至所需位置。

（6）对刀调整。启动机床，操纵手柄，使铣刀周刃与工件侧母线刚刚接触，操纵手柄，调整铣床使其对准工件中心，紧固横向工作台；操纵手柄，使铣刀底刃与工件上母线刚刚接触，在垂向刻度盘上做好记号，使工件先垂向后纵向退出；操纵垂向和纵向手柄，使铣刀与端面刚刚接触，在纵向刻度盘上做好记号，使工件垂向退出；操纵纵向手柄，调整铣刀至正确位置，在纵向刻度盘上做好记号。

（7）铣槽。启动机床，打开切削液开关，摇动垂向手柄，使工件靠近铣刀直至接触，继续摇垂向手柄，铣削至所要求深度；摇动纵向手柄，使工件先垂向后纵向退出；停机，关闭切削液开关，拆卸工件。

（8）去毛刺，测量工件尺寸 12 mm、50 mm、26 mm、8 mm，工件的表面粗糙度 Ra 值为 3.2 μm，检测后若不符合要求，应重新铣削加工到图样要求尺寸。

6. 操作注意事项

（1）注意校正铣刀的径向圆跳动，否则槽宽不合格。

（2）铣刀装夹应牢固，防止铣削时产生松动。

（3）铣削时，深度不能过大，进给也不能过快，否则会出现让刀现象。

（4）铣刀磨损后应及时刃磨和更换，以避免尺寸和表面粗糙度不合格。

（5）工作中不用的进给方向应紧固，加工完毕后松开。

（6）校正工件时不能直接用手锤敲击工件，以免破坏工件表面。

（7）测量工件时应停止铣刀旋转。

（8）铣削中应及时清除切屑。

第4章 磨削加工实训

磨削加工是用砂轮以较高的线速度对工件表面进行加工的方法,其实质是用砂轮上的磨料从工件表面层切除细微切屑的过程。根据工件被加工表面的性质,磨削分为外圆磨削、内圆磨削、平面磨削等几种,如图4-1所示。

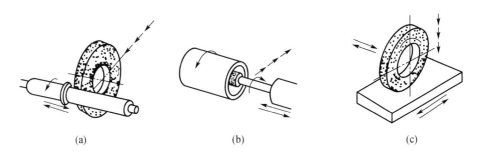

(a)　　　　　　　　　　　(b)　　　　　　　　　　　(c)

图4-1　常见的磨削加工类型

(a)外圆磨削;(b)内圆磨削;(c)平面磨削

由于磨削加工容易得到高的加工精度和好的表面质量,所以磨削主要应用于零件的精加工。它不仅能加工一般材料(如碳钢、铸铁和有色金属等),还可以加工用一般金属刀具难以加工的硬质材料(如淬火钢、硬质合金等)。

磨削精度一般可达 IT6～IT5,表面粗糙度 Ra 值一般为 0.8～0.08 μm。

4.1　砂　　轮

4.1.1　砂轮的特性及种类

砂轮是磨削的主要工具,它是由磨料和结合剂构成的多孔物体,其中磨料、结合剂和孔隙是砂轮的三个基本组成要素。随着磨料、结合剂及砂轮制造工艺的不同,砂轮特性差别很大,这对磨削加工的精度、粗糙度和生产效率有着重要的影响,因此必须根据具体的生产条件选用合适的砂轮。

砂轮的特性由磨料、粒度、硬度、结合剂、形状及尺寸等因素来决定,现分别介绍。

1.磨料及其选择

磨料是制造砂轮的主要原料,它担负着切削工作,因此磨料必须锋利,并具备较高的硬度、良好的耐热性和一定的韧性。

常用磨料的名称、代号、特性和用途见表4-1。

表4-1 常用磨料

类别	名称	代号	特性	用途
氧化物系	棕刚玉	A(GZ)	含91%~96%氧化铝。棕色,硬度高,韧性低,自锐性好,磨削时发热少	磨削碳钢、合金钢,可锻铸铁、碳青铜等
	白刚玉	WA(GB)	含97%~99%的氧化铝。白色,比棕刚玉硬度高、韧性低,自锐性好,磨削时发热少	精磨淬火钢、高碳钢、高速钢及薄壁零件
碳化物系	黑色碳化硅	C(TH)	含95%以上的碳化硅。呈黑色或深蓝色,有光泽。硬度比白刚玉高,性脆而锋利,导热性和导电性良好。	磨削铸铁、黄铜、铝、耐火材料及非金属材料
	绿色碳化硅	GC(TL)	含97%以上的碳化硅。呈绿色,硬度和脆性比C(TH)更高,导热性和导电性好	磨削硬质合金、光学玻璃、宝石、玉石、陶瓷,珩磨发动机汽缸套等
高硬磨料系	人造金刚石	D(JR)	无色透明或淡黄色、黄绿色、黑色。硬度高,比天然金刚石性脆。价格比其他磨料贵好多倍	磨削硬质合金、宝石等高硬度材料
	立方氮化硼	CBN(JLD)	立方形晶体结构,硬度略低于金刚石,强度较高,导热性能好	磨削、研磨、珩磨各种既硬又韧的淬火钢和高钼、高矾、高钴钢,不锈钢

注:括号内的代号是旧标准代号

2. 粒度及其选择

粒度指磨料颗粒的粗细。粒度分磨粒与微粉两组。磨粒用筛选法分类,它的粒度号以筛网上1 in(1 in=25.4 mm,下同)长度内的孔眼数来表示。例如60#粒度的磨粒,说明能通过每英寸有60个孔眼的筛网,而不能通过每英寸有70个孔眼的筛网。微粉用显微测量法分类,它的粒度号以代号W及磨料的实际尺寸来表示。

各种粒度号的磨粒尺寸见表4-2。

表4-2 磨料黏度号及其颗粒尺寸

磨粒		微粉	
粒度号	颗粒尺寸/μm	粒度号	颗粒尺寸/μm
14#	1 600~1 250	W40	40~28
16#	1 250~1 000	W28	28~20
20#	1 000~800	W20	20~14
24#	800~630	W14	14~10
30#	630~500	W10	10~7
36#	500~400	W7	7~5

表 4 - 2（续）

磨粒		微粉	
粒度号	颗粒尺寸/μm	粒度号	颗粒尺寸/μm
46#	400 ~ 315	W5	5 ~ 3.5
60#	315 ~ 250	W3.5	3.5 ~ 2.5
70#	250 ~ 200		
80#	200 ~ 160		
100#	160 ~ 125		
120#	125 ~ 100		
150#	100 ~ 80		
180#	80 ~ 63		
240#	63 ~ 50		
280#	50 ~ 40		

注：比 14# 粗的磨粒及比 W3.5 细的微粉很少使用，故表中未列出

磨料粒度的选择，主要与加工表面粗糙度要求和生产率有关。粒度粗，即磨粒大，磨削深度可以增加，每颗磨粒切去的金属多，故磨削效率高，但光洁度差；反之，粒度细，磨粒小，在砂轮工作表面单位面积上的磨粒多，磨粒切削刃的等高性好，由于参加切削的"刀齿"多，每一颗磨粒在工件表面切出的沟纹小，且深浅较均匀，所以表面光洁度高，但切削效率低，另外，粒度细，砂轮与工件表面之间的摩擦大，发热量高，容易引起烧伤。

不同粒度砂轮的应用见表 4 - 3。

表 4 - 3 不同粒度号砂轮的使用范围

砂轮粒度	一般使用范围
14# ~ 24#	磨钢锭、切断钢坯、打磨铸件毛刺等
36# ~ 60#	一般磨平面、外圆、内圆，以及无心磨床
60# ~ 100#	精磨和刀具刃磨等
120# ~ W20#	精磨、珩磨和螺纹磨
W20# 以下	镜面磨、精细珩磨

3. 结合剂及其选择

砂轮中用以黏结磨料的物质称为结合剂。砂轮的强度、抗冲击性、耐热性及抗腐蚀能力主要取决于结合剂的性能。常用的结合剂种类、性能及用途见表 4 - 4。

表 4 - 4　常用结合剂

名称	代号	性能	用途
陶瓷结合剂	V	耐水、耐油、耐酸、耐碱的腐蚀,能保持正确的几何形状。气孔率大,磨削率高,强度较大,韧性、弹性、抗震性差,不能承受侧向力	$v_轮 < 35$ m/s 的磨削,这种结合剂应用最广,能制成各种磨具,适用于成形磨削和磨螺纹、齿轮、曲轴等
树脂结合剂	B	强度大并富有弹性,不怕冲击,能在高速下工作。有摩擦抛光作用,但坚固性和耐热性比陶瓷结合剂差,不耐酸、碱,气孔率小,易堵塞	$v_轮 > 50$ m/s 的高速磨削,能制成薄片砂轮磨槽、刃磨刀具前刀面。高精度磨削湿磨时,切削液中含碱量应小于 1.5%
橡胶结合剂	R	弹性比树脂结合剂大,强度也大。气孔率小,磨粒容易脱落,耐热性差,不耐油,不耐酸,而且还有臭味	制造磨削轴承沟道的砂轮和无心磨削砂轮、导轮以及各种开槽和切割用的薄片砂轮,制成柔软抛光砂轮等
金属结合剂	J	韧性、成型性好,强度大,自锐性能差	制造各种金刚石磨具,使用寿命长

4. 硬度及其选择

砂轮的硬度是指砂轮表面上的磨粒在磨削力作用下脱落的难易程度。砂轮的硬度小,表示磨粒容易脱落;砂轮的硬度大,表示磨粒较难脱落。砂轮的硬度和磨料的硬度是两个不同的概念。同一种磨料可以制成不同硬度的砂轮,它主要决定于结合剂的性能、数量以及砂轮制造的工艺。磨削与切削的显著差别是砂轮具有自锐性,选择砂轮的硬度,实际上就是选择砂轮的自锐性,希望锋利的磨粒不要太早脱落,也不要磨钝了还不脱落。

根据规定,常用砂轮的硬度等级见表 4 - 5。

表 4 - 5　常用砂轮硬度等级

硬度等级名称		代号	
大级	小级	大级	小级
超软	超软	CR	CR
软	软$_1$ 软$_2$ 软$_3$	R	R$_1$ R$_2$ R$_3$
中软	中软$_1$ 中软$_2$	ZR	ZR$_1$ ZR$_2$
中	中$_1$ 中$_2$	Z	Z$_1$ Z$_2$
中硬	中硬$_1$ 中硬$_2$ 中硬$_3$	ZY	ZY$_1$ ZY$_2$ ZY$_3$
硬	硬$_1$ 硬$_2$	Y	Y$_1$ Y$_2$
超硬	超硬	CY	CY

注:在硬度小级中的数字 1,2,3 表示砂轮硬度增加的次序,数字大硬度大

选择砂轮硬度的一般原则是:加工软金属时,为了使磨料不致过早脱落,要选用硬砂轮。加工硬金属时,为了能及时使磨钝的磨粒脱落,从而露出具有尖锐棱角的新磨粒(即自锐性),则选用软砂轮。前者是因为在磨削软材料时砂轮的工作磨粒磨损很慢,不需要太早脱离;后者是因为在磨削硬材料时砂轮的工作磨粒磨损较快,需要较快更新。

精磨时,为了保证磨削精度和粗糙度要求,应选用稍硬的砂轮。工件材料的导热性差,易产生烧伤和裂纹时(如磨硬质合金等),选用的砂轮应软一些。

5.形状尺寸及其选择

根据机床结构与磨削加工的需要,砂轮可制成各种形状与尺寸。表4-6是常用的几种砂轮形状、尺寸、代号及用途。

表4-6 常用砂轮形状及用途

砂轮名称	简图	代号	尺寸表示法	主要用途
平形砂轮		P	P $D \times H \times d$	用于磨外圆、内圆、平面和无心磨床
双面凹砂轮		PSA	PSA $D \times H \times d - 2 -$ $d_1 \times t_1 \times t_2$	用于磨外圆、无心磨和刃磨刀具
双斜边砂轮		PSX	PSX $D \times H \times d$	用于磨削齿轮和螺纹
筒形砂轮		N	N $D \times H \times d$	用于立轴端面磨平面
碟形砂轮		D	D $D \times H \times d$	用于刃磨刀具前面
碗形砂轮		BW	BW $D \times H \times d$	用于导轨磨及刃磨刀具

砂轮的外径应尽可能选得大些,以提高砂轮的圆周速度,这样对提高磨削加工生产率与降低表面粗糙度值有利。此外,在机床刚度及功率许可的条件下,如选用宽度较大的砂轮,同样能收到提高生产率和降低粗糙度值的效果,但是在磨削热敏性高的材料时,为避免工件表面的烧伤和产生裂纹,砂轮宽度应适当减小。

在砂轮的端面上一般都印有标志,例如砂轮上的标志 WA60LVP400×40×127 的含义是:

WA	60	L	V	P	400×40×127
↓	↓	↓	↓	↓	↓
磨料	粒度	硬度	结合剂	形状	外径×宽度×孔径

由于更换一次砂轮很麻烦,所以除生产重要工件和批量较大时需要按照以上所述的原则选用砂轮外,一般只要机床上现有的砂轮大致符合磨削要求,就不必重新选择,而是通过适当地修整砂轮,选用合适的磨削用量来满足加工要求。

4.1.2　砂轮的安装、平衡与修整

1. 砂轮的安装

安装砂轮前,必须认真检查所选砂轮的性能、形状和尺寸是否符合加工要求。

安装砂轮前,砂轮要不松不紧地套在法兰盘或砂轮轴上。配合过紧会使砂轮碎裂,配合过松砂轮在高速旋转时会因不平衡而发生振动。

图 4 – 2 表示了安装砂轮常用的几种方法。图 4 – 2(a)是用台阶的法兰盘装夹砂轮,装夹时先用螺母 1 将砂轮夹紧在两个法兰盘之间,然后装在砂轮轴的外锥体上,用螺母 2 拧紧。这种方法适用于孔径较大的平形砂轮。图 4 – 2(b)是通过两个平面法兰盘,把砂轮直接装夹在砂轮轴上。这种方法适用于不太大的平形砂轮。图 4 – 2(c)是磨削内孔用砂轮的安装方法,它是先将砂轮套装在接长轴的前端,并用螺钉拧紧,然后将接长轴装到砂轮轴上。

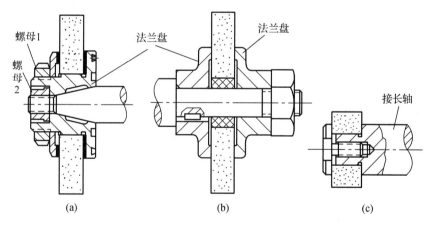

图 4 – 2　砂轮的安装方法

(a)台阶法兰盘上安装;(b)平面法兰盘上安装;(c)接长轴上安装

图 4 – 2(a)、图 4 – 2(b)都是用法兰盘装夹砂轮,通常法兰盘的直径是砂轮直径的 1/3 ~ 1/2,内侧面车凹,两个法兰盘的直径和形状必须相同。如果形状和尺寸不等或者端面扭曲不平,那么在拧紧螺帽时,砂轮会因为受力不均匀发生变形或碎裂。在砂轮与法兰盘之间,一般都垫上 0.5 ~ 1 mm 厚的纸板、皮革或耐油橡胶,使夹紧力分布均匀。

图 4 – 2(c)是内圆磨削用小砂轮装到接长轴上的方法。

紧固砂轮法兰盘时,必须按图 4 – 3 所示的次序逐个拧紧螺钉,拧的时候只能用标准扳手,不允许用接长扳手,或以敲打的方法加大拧紧力,否则砂轮可能碎裂。

2. 砂轮的平衡

直径大于 125 mm 的砂轮一般都要进行平衡,使砂轮的重心与其旋转轴线重合。

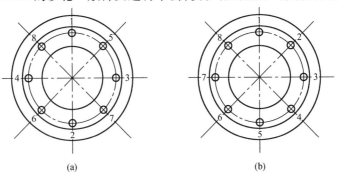

(a)   (b)

图 4 - 3 装夹砂轮时拧紧螺钉的次序

(a)正确的;(b)错误的

由于几何形状的不对称、外圆与内孔不同轴、砂轮各部分松紧程度不一致,以及安装时偏心等原因,砂轮重心往往不在旋转轴线上,致使其产生不平衡现象。不平衡的砂轮易使砂轮主轴产生振动或摆动,因此使工件表面产生振痕,使主轴与轴承迅速磨损,甚至造成砂轮破裂事故。砂轮直径愈大,圆周速度愈高,工件表面粗糙度要求愈高,认真仔细地平衡砂轮就愈有必要。

砂轮的静平衡调整就是采用手工操作调整砂轮静平衡,但必须使用平衡架、平衡心轴及水平仪等工具。图 4 - 4 所示是砂轮的调整方法。

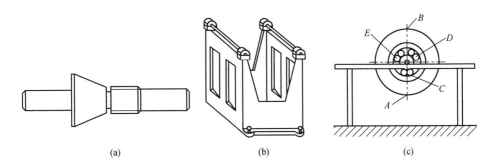

(a)   (b)   (c)

图 4 - 4 砂轮平衡调整的工具和方法

(a)平衡心轴;(b)平衡架;(c)砂轮静平衡调整方法

(1)找出通过砂轮重心的最下点位置 A 点。

(2)在 A 点在圆周上的对称点做一记号 B。

(3)加入平衡块 C,使 A 和 B 两点位置不变。

(4)再加入平衡块 D、E,并仍使 A 和 B 点位置不变。如有变动,可上下调整 D、E,使 A、B 两点恢复原位,此时砂轮左右已平衡。

(5)将砂轮转动90°。如不平衡,将 D、E 两点同时向 A 点或 B 点移动,直到砂轮平衡为止。

调整砂轮时有以下注意事项:

(1)平衡架要放水平,用水平仪找水平,尤其要注意纵向。

(2)将砂轮中的水分甩净。

(3)砂轮平衡后,平衡块要紧固。

3. 砂轮的修整

在磨削过程中,砂轮的磨粒在摩擦、挤压作用下棱角逐渐磨圆变钝,或者在磨韧性材料时磨屑常常嵌塞在砂轮表面的孔隙中,使砂轮表面堵塞,最后使砂轮丧失切削能力。这时,砂轮与工件之间会产生打滑现象,并可能引起振动和出现噪声,使磨削效率下降,表面粗糙度值增大。同时,由于磨削力及磨削热的增加,会引起工件变形和影响磨削精度,严重时还会使磨削表面出现烧伤和细小裂纹。此外,砂轮硬度的不均匀及磨粒工作条件的不同,也会使砂轮工作表面磨损不均匀,各部位磨粒脱落不等,致使砂轮丧失外形精度,影响工件表面的形状精度及粗糙度。凡遇到上述情况,砂轮就必须进行修整,切去表面上一层磨料,使砂轮表面重新露出光整锋利的磨粒,以恢复砂轮的切削能力与外形精度。

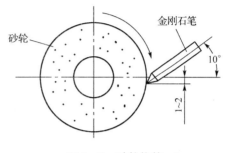

修整砂轮多采用金刚石刀具,用车削法进行修整。金刚石的顶角一般取 70°～80°最合理,其修整块安装的角度一般为 10°,安装高度应低于砂轮中心 1～2 mm,如图 4 – 5 所示。修整时应充分冷却。

图 4 – 5　砂轮修整

4.2　外圆磨床及其磨削加工

4.2.1　外圆磨床结构

外圆磨床分为普通外圆磨床和万能外圆磨床,其中万能外圆磨床是应用最广泛的磨床。在外圆磨床上可磨削各种轴类和套筒类工件的外圆柱面、外圆锥面,以及台阶轴端面等。

图 4 – 6 是 M1432A 型万能外圆磨床的外形图。M1432A 编号的意义是:M—磨床类;1—外圆磨床组;4—万能外圆磨床的系列代号;32—最大磨削直径的 1/10,即最大磨削直径为 320 mm;A—在性能和结构上作过一次重大改进。

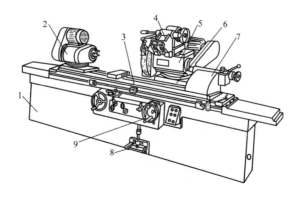

图 4 – 6　M1432A 型万能外圆磨床外观图

1—床身;2—头架;3—工件台;4—内圆磨具;5—砂轮架;6—滑鞍;

7—尾座;8—脚踏操纵板;9—横向进给手轮

1. 磨床的主要部件

（1）床身。床身 1 是磨床的基础支撑件，在它的上面装有砂轮架、工作台、头架、尾座及滑鞍等部件，使这些部件在工作时保持准确的相对位置。床身内部用作液压油的油池。

（2）头架。头架 2 用于安装及夹持工件，并带动工件旋转，头架在水平面内可按逆时针方向转 90°。

（3）内圆磨具。内圆磨具 4 用于支撑磨内孔的砂轮主轴，内圆磨砂轮主轴由单独的电动机驱动。

（4）砂轮架。砂轮架 5 用于支撑并传动高速旋转的砂轮主轴。砂轮架装在滑鞍 6 上，当需磨削短圆锥面时，砂轮架可以在水平面内调整一定角度（±30°）。

（5）尾座。尾座 7 和头架 2 的顶尖一起支撑工件。

（6）滑鞍及横向进给机构。转动横向进给手轮 9，可以使横向进给机构带动滑鞍 6 及其上的砂轮架作横向进给运动。

（7）工作台。工作台 3 由上下两层组成。上工作台可绕下工作台在水平面内回转一个角度（±10°），用以磨削锥度不大的长圆锥面。上工作台的上面装有头架 2 和尾座 7，它们可随着工作台一起沿床身导轨作纵向往复运动。

2. 磨床的用途

M1432A 型磨床是普通精度级万能外圆磨床，经济精度为 IT6～IT7 级，加工表面的表面粗糙度值 Ra 可控制在 1.25～0.08 μm 内。万能磨床可用于内外圆柱表面、内外圆锥表面的精加工，虽然生产率较低，但由于其通用性较好，故广泛用在单件小批生产车间、工具车间和机修车间。

4.2.2 外圆磨床上的磨削方法

1. 磨削外圆

工件的外圆一般在普通外圆磨床或万能外圆磨床上磨削。外圆磨削一般有纵磨、切入、分段和深磨四种方式。

（1）纵向磨削法。工作台行程终了时（双行程或单行程），砂轮作周期性横向进给。每次吃刀深度较小，磨削余量要在多次往复行程中磨去，如图 4-7（a）所示，砂轮超过工件两端的长度，一般是砂轮宽度的 1/3～1/2。如果太大，则工件两端直径会小于其余部分。磨削台肩旁外圆时，要细心调整工作台行程，当磨削至台肩一边换向时，要使工作台停留片刻，并作单行程的横向进给。否则，会导致台肩根部的圆柱直径大于其余部分，如图 4-7（b）所示。为减小工件表面粗糙度，可作适当"光磨"，即在不作横向进给的情况下，工作台作纵向往复行程运动。

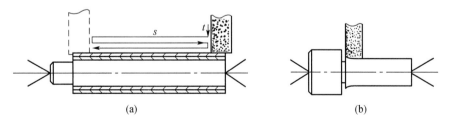

（a） （b）

图 4-7 纵向磨削法

（a）纵向磨削法； （b）形状误差

纵向磨削法有如下特点：

①在砂轮整个宽度上，磨粒工作情况不一样，砂轮左端面（或右端面）尖角担负主要的切削作用，工件绝大部分余量均由砂轮尖角处的密粒切除，而在砂轮宽度上绝大部分磨粒担负减小工件表面粗糙度的作用。另外，由于磨削力小，散热条件好，工件可获得较高的加工精度和较小的表面粗糙度。如果适当增加"光磨"时间，可以进一步消除工艺系统的弹性变形，工件的加工质量可进一步提高。纵向磨削法是一般外圆精磨的方法。

②由于磨削深度小，工件的磨削余量要经多次走刀切除，故机动时间较长，生产效率较低。

③纵向磨削法的切削力较小，因而特别适用于加工细长的工件。

（2）切入磨削法。切入磨削法又称横向磨削法。当工件被磨削外圆长度小于砂轮宽度时采用，磨削时砂轮作连续横向进给运动，直到磨去全部磨削余量为止。切入磨削时无纵向进给运动，如图 4-8 所示。粗磨时可用较高的切入速度，精磨时则要小些。

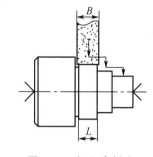

切入磨削法有如下特点：

①整个砂轮宽度上磨粒的工作情况相同，充分发挥所有磨粒的切削作用。同时，由于切入磨削作连续的横向进给运动，故机动时间短，生产效率高。

图 4-8　切入磨削法

②磨削时径向力较大，工件容易弯曲变形，不适宜加工细长的工件。

③砂轮与工件的接触面积较大，磨削热大，散热条件较差，工件容易烧伤和发热变形，因此切削液一定要充分。

④由于无纵向进给运动，砂轮表面的形态（修整的痕迹）将复印在工件表面，影响工件表面粗糙度。为了消除以上缺陷，工件在切入法终了，可以作微量的纵向移动。

⑤切入法因受砂轮宽度限制，只适用于磨削长度较短的外圆表面。

（3）分段磨削法。这种磨削法又称综合磨削法。它是切入法与纵向法的综合应用。先用切入法将工件分段进行粗磨，留 0.03~0.04 mm 余量，然后用纵向法精磨至要求尺寸，如图 4-9 所示。这种磨削方法既有切入法生产效率高的优点，又有纵向法加工精度高的优点。分段磨削时，相邻两段间有 5~15 mm 的重叠。这种磨削方法适用于磨削余量大和刚性好的工件。考虑到磨削效率，应采用较宽的砂轮，使分段数减少，当加工表面的长度为砂轮宽度的 2~3 倍时，采用这种方法最合适。

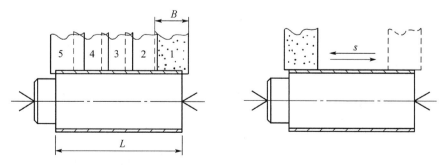

图 4-9　分段磨削法

（4）深度磨削法。这是一种用得较多的磨削方法。采用较大的磨削深度在一次纵向走

刀中磨去工件的全部磨削余量,磨削机动时间缩短,故生产效率高。磨削时应注意以下几点:

①由于磨削深度大,磨削时砂轮一端夹角处受力状态最差,磨削的负荷也集中在砂轮尖角处。为此,可将砂轮修整成阶梯形,如图4-10所示。砂轮台阶面的前导部分主要起切削作用。最宽部分的砂轮表面应修得细些,称为修光部分,以减小工件表面的粗糙度。

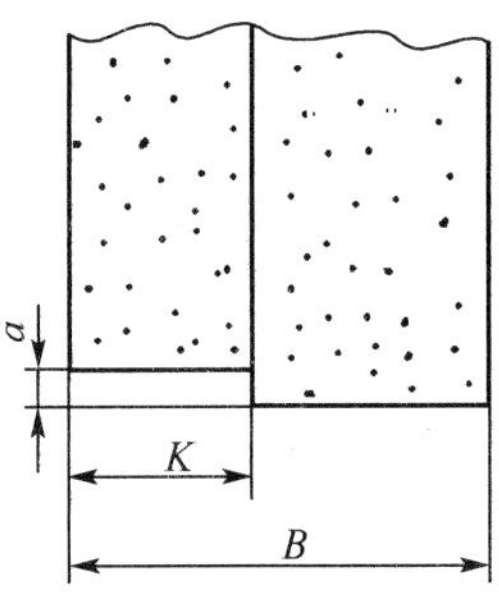

②磨床的功率和刚性要大。

③磨削时轴向力较大,为防止工件脱落,要使砂轮走刀方向面向头架,并锁紧尾架套筒。

④采用较小的纵向进给量。

图4-10 深磨法

2. 磨削端面

在万能外圆磨床上,可利用砂轮的端面来磨削工件的台肩面和端平面。磨削开始前,应该让砂轮端面缓慢地靠拢工件的待磨端面;磨削过程中,要求工件的轴向进给量也应很小。这是因为砂轮端面的刚性很差,基本上不能承受稍大的轴向力,所以最好的办法是使用砂轮的外圆锥面来磨削工件的端面,此时工作台应该扳动一个较大角度。

3. 磨削内圆

利用外圆磨床的内圆磨具可磨削工件的内圆。磨削内圆时,工件大多数是以外圆或端面作为定位基准,并装夹在卡盘上进行磨削的,如图4-11所示。磨内圆锥面时,只需将内圆磨具偏转一个圆周角即可。

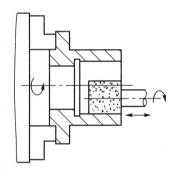

与外圆磨削不同,内圆磨削时,砂轮的直径受工件孔径的限制,一般较小,故砂轮磨损较快,需经常修整和更换。内圆磨使用的砂轮要比外圆磨使用的砂轮软些,这是因为内圆磨削时砂轮和工件接触的面积较大。另外,砂轮轴直径比较小,悬伸长度较大,刚性很差,故磨削深度不能太大,生产率较低。

图4-11 内圆的磨削

4.2.3 技能实训19——磨削外圆柱面

1. 技能训练目标

(1)掌握外圆柱面磨削的方法与特点。

(2)掌握外圆柱面磨削用量的选择及砂轮的选择方法。

(3)掌握量具的正确使用。

(4)掌握外圆磨削时尺寸测量的方法。

(5)掌握中心孔的修研。

(6)遵守操作规程,养成文明、安全生产的好习惯。

2. 磨削外圆柱面的加工图

同学们运用所学外圆磨削加工方法,在M1432A型外圆万能磨床加工图4-12所示的零件。

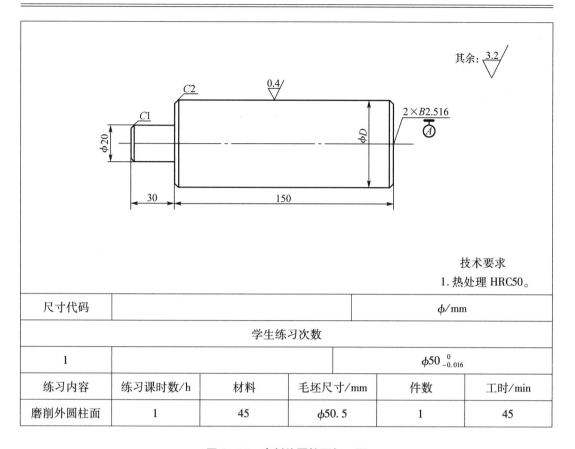

技术要求

1. 热处理 HRC50。

尺寸代码		ϕ/mm
学生练习次数		
1		$\phi 50_{-0.016}^{0}$

练习内容	练习课时数/h	材料	毛坯尺寸/mm	件数	工时/min
磨削外圆柱面	1	45	$\phi 50.5$	1	45

图 4 – 12　磨削外圆柱面加工图

3. 训练设备与器材

（1）M1432A 型万能外圆磨床　　　　　　　　　　　　　　一台

（2）半圆顶尖（硬质合金）　　　　　　　　　　　　　　　一个

（3）砂轮修整器　　　　　　　　　　　　　　　　　　　　一套

4. 磨削加工步骤

（1）看图并检查毛坯尺寸 ϕD，计算加工余量。

（2）用双顶尖装夹工件。

（3）粗磨外圆尺寸至 $\phi 50_{-0.011}^{+0.006}$ mm。

（4）精磨外圆尺寸到 $\phi 50_{-0.016}^{0}$ mm。

5. 操作注意事项

（1）操作前检查机床运转是否正常，磨床空运转一段时间后再进行操作。

（2）磨削前，正确选择磨削用量。

（3）磨削时，要注意中心孔的保护和及时修研。

（4）操作时，集中精力以避免因粗心而出现事故。

（5）磨削结束无火花时，还要光磨 2～3 次。

（6）养成良好的生产习惯。

4.3 平面磨床及其磨削加工

表面质量要求较高的各种平面的半精加工和精加工,常采用平面磨削方法。平面磨削常用的机床是平面磨床。砂轮的工作表面可以是圆周表面,也可以是端面。

4.3.1 平面磨床结构

1. 主要类型和运动

当采用砂轮周边磨削方式时,磨床主轴按卧式布局;当采用砂轮端面磨削方式时,磨床主轴按立式布局。平面磨削时,工件可安装在作往复直线运动的矩形工作台上,也可安装在作圆周运动的圆形工作台上。

按主轴布局及工作台形状的组合,普通平面磨床可分为下列四类:

(1)矩形卧轴平面磨床。如图4-13(a)所示,在这种机床中,工件由矩形电磁工作台吸住。砂轮作旋转主运动n,工作台作纵向往复运动f_1,砂轮架作间歇的竖直切入运动f_3和横向进给运动f_2。

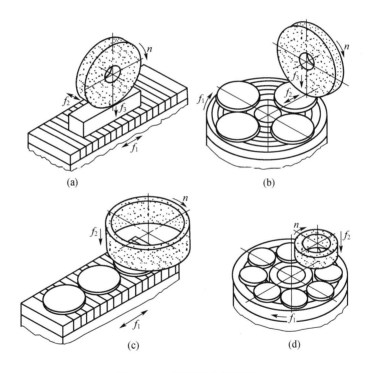

(a)　　　　　　　　　　　(b)

(c)　　　　　　　　　　　(d)

图4-13　平面磨床的类型
(a)矩形卧轴平面磨床;(b)圆台卧轴平面磨床;(c)矩形立轴平面磨床;(d)圆台立轴平面磨床

(2)圆台卧轴平面磨床。如图4-13(b)所示,在这种机床上,砂轮作旋转主运动n,圆工作台旋转作圆周进给运动f_1,砂轮架作连续的径向进给运动f_2和间歇的竖直切入运动f_3。此外,工作台的回转中心线可以调整至倾斜位置,以便磨削锥面。

(3)矩形立轴平面磨床。如图4-13(c)所示,在这种机床上,砂轮作旋转主运动n,矩形工作台作纵向往复运动f_1,砂轮架作间歇的竖直切入运动f_2。

（4）圆台立轴平面磨床。如图4－13（d）所示，在这种机床上，砂轮作旋转主运动 n，圆工作台旋转作圆周进给运动 f_1，砂轮架作间歇的竖直切入运动 f_2。

上述四种平面磨床中，用砂轮端面磨削的平面磨床与用轮缘磨削的平面磨床相比，由于端面磨削的砂轮直径往往比较大，能同时磨出工件的全宽，磨削面积较大，所以生产率较高。但是端面磨削时，砂轮和工件表面是成弧形线或面接触，接触面积大，冷却困难，切屑也不易排除，所以加工精度和表面粗糙度值稍大。圆台式平面磨床与矩台式平面磨床相比较，圆台式的生产率稍高些，这是由于圆台式是连续进给，而矩台式有换向时间损失。但是，圆台式只适于磨削小零件和大直径的环形零件端面，不能磨削长零件，而矩台式可方便地磨削各种常用零件，包括直径小于矩台宽度的环形零件。

目前，用得较多的是矩形卧轴平面磨床。

2. M7120A 矩形卧轴平面磨床

M7120A 矩形卧轴平面磨床如图4－14所示。这种机床的砂轮主轴通常是由内连式异步电动机直接带动的，往往电机轴就是主轴，电动的定子就装在砂轮架3的体壳内。砂轮架3可沿滑座4的燕尾导轨作间歇的横向进给运动（手动或液动）。滑座4和砂轮架3一起，沿立柱5的导轨作间歇的竖直切入运动（手动）。工作台2沿床身1的导轨作纵向往复运动（液压传动）。

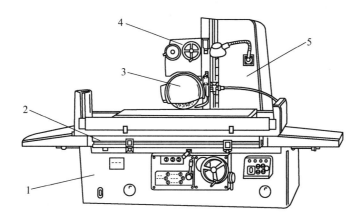

图4－14　M7120A 矩形卧轴平面磨床
1—床身；2—工件台；3—砂轮架；4—滑座；5—立柱

目前，我国生产的矩形卧轴式平面磨床能达到的加工质量为：

（1）普通精度级。试件精磨后，加工面对基面的平行度为 0.015 mm/100 mm，表面粗糙度为 Ra 0.032 ~ 0.63 μm；

（2）高精度级。试件精磨后，加工面对基面的平行度为 0.005 mm/1 000 mm，表面粗糙度为 Ra 0.04 ~ 0.01 μm。

4.3.2　平面磨削

1. 工件的安装

对于钢、铸铁等导磁性材料制成的中小型零件，一般靠电磁吸盘产生的磁力直接安装，如图4－15所示。电磁吸盘的吸盘体由钢制成。在中间凸起的心体上绕有线圈，上部有被绝磁层隔成许多条块的钢制成盖板。当线圈通电时，心体被磁化，产生的磁力线经心体—盖板—工件—盖板—吸盘体—心体而闭合,从而吸住工件。绝磁层的作用是使绝大部分磁力线通过工件再返回吸盘体,而不是通过盖板直接回去,以保证有足够的电磁吸力。对于铜、铝及其合金以及陶瓷等非导磁材料,可采用精密平口钳、专用夹具等导磁性夹具进行安装。

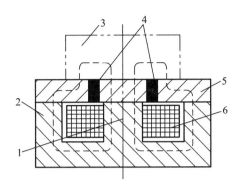

图 4 – 15 电磁吸盘

1—心体;2—吸盘体;3—工件;4—绝磁层;5—盖板;6—线圈

2. 横向磨削法

横向磨削法如图 4 – 16(a)所示。这种磨削法是最常见的一种方法,当工作台每次纵向行程终了时,磨头作一次横向进给,等到工件表面上第一层金属磨削完毕时,砂轮按预选磨削深度作一次垂直进给。接着依上述过程逐层磨削,直至把全部余量磨去,使工件达到所需尺寸。粗磨时,应选较大垂直进给量和横向进给量,精磨时则两者均应选较小值。

横向磨削法适用于磨削长而宽工件,因其磨削接触面积小,发热较小,排屑、冷却条件好,砂轮不易堵塞,工件变形小,所以容易保证工件的加工质量。但生产效率较低,砂轮磨损不均匀,磨削时须注意磨削用量和砂轮的正确选择。此方法也可适用于相同小件按序排列集合磨削。

3. 深度磨削法

深度磨削法如图 4 – 16(b)所示。这种磨削法又称切入磨削法,它是在横向磨削法基础上发展的。其磨削特点是纵向进给速度低,砂轮只作两次垂直进给,第一次垂直进给量等于全部粗磨余量,当工作台纵向行程终了时,将砂轮或工件沿砂轮轴线方向移动 3/4 ~ 4/5 的砂轮宽度,直到切除工件整个表面的粗磨余量为止。第二次垂直进给量等于精磨余量,其磨削过程与横向磨削法相同。

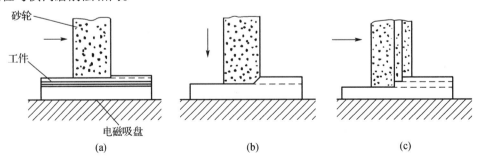

(a)   (b)   (c)

图 4 – 16 平面磨削方法

(a)横向磨削法;(b)深度磨削法;(c)阶梯磨削法

深度磨削法能提高生产率,因为粗磨时的垂向进给量和横向进给量都较大,所以缩短了机动时间。该方法适用于功率大、刚度好的磨床磨削较大型的工件。磨削时须注意装夹牢固,且供应充足的切削液冷却。

4. 阶梯磨削法

如图 4 – 16(c)所示,阶梯磨削法是按工件余量的大小,将砂轮修整成阶梯形,使其在一次垂直进给中磨去全部余量。粗磨时各阶梯宽度和磨削深度都应相同;精磨时阶梯的宽度则应大于砂轮宽度的 1/2,磨削深度等于精磨余量(0.03～0.05 mm)。磨削时横向进给量应小些。

阶梯磨削法生产效率较高,是因为磨削用量分配在各段阶梯的轮面上,各段轮面的磨粒受力均匀,磨损也均匀,能较多地发挥砂轮的磨削性能。但砂轮修整工作较为麻烦,应用上受到一定限制。

4.3.3　技能实训 20——磨削平行面

1. 技能训练目标

(1)掌握在平面磨床上磨削平行面的加工方法。

(2)进一步熟悉平面磨床的操作。

(3)掌握量具的正确使用和测量方法。

(4)掌握工件在平面磨床上的安装调整。

(5)遵守平面磨床的操作规程,养成文明生产、安全生产的良好习惯。

2. 磨削平行面零件图

运用所学平行面磨削加工方法,在 M7120A 型磨床上加工图 4 – 17 所示零件。

3. 训练设备与器材

(1)M7120A 型平面磨床　　　　　　　　　　　　　　　　　一台

(2)退磁器　　　　　　　　　　　　　　　　　　　　　　　一副

(3)砂轮修整器　　　　　　　　　　　　　　　　　　　　　一套

4. 磨削加工步骤

(1)看图并检查毛坯尺寸 100 mm × 68 mm × 69 mm,计算加工余量。

(2)选择正确方法安装工件。

(3)调整工作台行程至合适位置。

(4)以 B 面定位磨另一面至尺寸 $67_{-0.05}^{0}$ mm。

(5)翻面磨 B 面至尺寸 $67_{-0.02}^{0}$ mm。

5. 操作注意事项

(1)装夹工件时,工件定位面应清理干净,磁性台面应保持清洁。

(2)砂轮不能全部越出工件后换向,以免塌角。

(3)在测量时,要保持基准面的清洁。

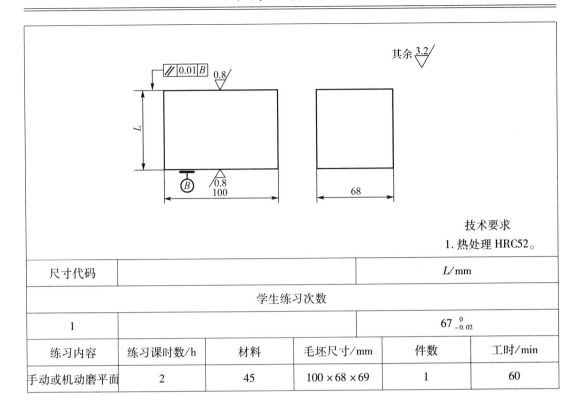

技术要求

1. 热处理 HRC52。

尺寸代码			L/mm
学生练习次数			
1			$67_{-0.02}^{0}$

练习内容	练习课时数/h	材料	毛坯尺寸/mm	件数	工时/min
手动或机动磨平面	2	45	$100 \times 68 \times 69$	1	60

图 4 – 17　磨削平行面加工图

第5章　刨削加工实训

在刨床上用刨刀加工工件叫刨削。刨床主要用来加工水平面、垂直面、斜面、曲面、台阶面、燕尾形工件、T形槽、V形槽，也可以刨削孔、齿轮和齿条等。如果对刨床进行适当的改装，刨床的使用范围还可以扩大。

刨削一般只用一把单刀刃刀具进行切削，返回行程为空行程，间断切削，切削速度又较低，因此生产率较低。单刃刨削由于刀具简单、生产设备容易、加工调整灵活方便，尤其是加工狭长零件的平面、T形槽、燕尾槽时，生产率较高。运用分度头和台虎钳等附件进行单刃刨削时，还可以加工轴类和长方体零件的端面及等分槽等，所以在单件小批量生产及修配工作中，应用较为广泛。

5.1　牛头刨床

刨削加工的精度一般为IT9~IT8，表面粗糙度值为 $Ra\,6.3 \sim 1.6\ \mu m$。

牛头刨床是刨削类机床中应用较广的一种机床。它适合刨削长度不超过1 000 mm的中、小型零件。工件可装夹在可调整的工作台上，或夹在工作台上的平口钳内，利用刨刀的直线往复运动和工作台的间歇移动进行刨削加工，如图5-1和图5-2所示。牛头刨床的主运动为电动机—变速机构—摇杆机构—滑枕往复运动。牛头刨床的进给运动为电动机—变速机构—棘轮进给机构—工作台横向进给运动。

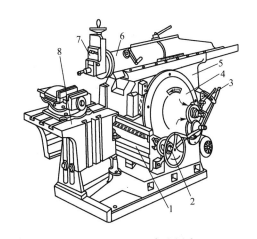

图 5-1　B6065 牛头刨床

1—横梁；2—进刀机构；3—变速机构；
4—摆杆机构；5—床身；6—滑枕；
7—刀架；8—工作台

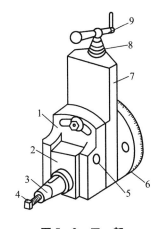

图 5-2　刀　架

1—刀座；2—抬刀板；3—刀夹；
4—紧固螺钉；5—轴；6—刻度转盘；
7—滑板；8—刻度环；9—手柄

5.1.1　牛头刨床的编号及组成

图 5 – 1 为 B6065 型牛头刨床外形图,其型号意义如下。

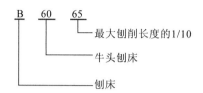

下面介绍 B6065 牛头刨床的主要组成部分及作用。

1. 床身

床身 5 是一个固定在铸铁底座上的箱形铸铁件,底座用螺栓固定在水泥地基上。床身内部装有变速机构和摆杆机构,上部装有两块带斜面的长条形压板,与床身的上平面组成燕尾形导轨,供滑枕 6 往复移动,左侧的压板可用螺钉调整滑枕 6 与导轨之间的间隙,以减小滑枕 6 往复移动时的摆动,从而提高机床的加工精度。床身前面有两条矩形垂直导轨,横梁1 可沿此导轨上、下移动。

2. 滑枕

滑枕 6 是长条形空心铸件,内部装有丝杆、滑块螺母和一对伞齿轮,用来调整滑枕的起始位置。滑枕前端面有 T 形环槽,刀架 7 的转盘就安装在这里。滑枕的上面有长条形槽,装有螺栓,用以连接和紧固滑枕与摆杆机构 4。滑枕的下部是燕尾块形的导轨,与床身上部的燕尾槽导轨配合。

3. 刀架

如图 5 – 2 所示,刀架主要由刻度转盘 6、滑板 7、刀座 1、抬刀板 2 和进刀手柄 9 等组成。刀架是用来装刨刀并使刨刀沿一定方向移动的。刻度转盘用螺栓装在滑枕前端的 T 形环槽里,并可作 ±60°的回转。刻度转盘的前面是燕尾形导轨,与拖板上的燕尾形导轨相配合,只要转动进刀丝杆上端的进刀手柄,就可以使拖板沿刻度转盘上的导轨方向移动。抬刀板上有刀夹 3,刨刀装在刀夹里,抬刀板用铰链销连接在刀座内,可以使抬刀板向前上方抬起,这可避免滑枕回程时刨刀与工件发生摩擦。刀座可以在拖板上作 ±15°偏转,便于刨削侧面的保护刨刀和已加工表面。进刀手柄下面有刻度环 8,能够掌握进刀深度。

4. 工作台

工作台 8 的顶面有 T 形槽,一侧面有 T 形槽和 V 形槽,另一侧面有圆孔,这些孔和槽都是用来装夹各种工件或夹具的。鞍板的一侧有 T 形槽和直槽,用螺栓把工作台装夹在这里,直槽是工作台在鞍板上定位用的;另一侧与两块压板分别组成燕尾形导轨和平导轨,与横梁上对应的导轨相配合。

5.1.2　牛头刨床的典型机构及其调整

B6065 牛头刨床的传动系统如图 5 – 3 所示,下面介绍其典型机构及调整。

1. 变速机构

变速机构可以改变滑枕的运动速度,以适应不同尺寸、不同材料和不同技术条件的零件的加工要求。机械传动牛头刨床的变速机构是由几个齿数不同的固定齿轮和几个齿数不同的滑移齿轮及其相应的操纵机构组成。适当地改变滑移齿轮的位置,就能把电动机的同一个转速以几种不同的转速传给摆杆齿轮,从而使滑枕得到不同的运动速度,达到变速的目的。

B6065 型牛头刨床的变速机构主要由四个齿数不同的固定齿轮和两组滑移齿轮 1,2 等组成,每组滑移齿轮中分别包括齿数不同的三个和两个齿轮,如图 5-3 所示的变速机构。电动机的转动经过皮带轮带动轴Ⅰ和滑移齿轮组 1 一起转动,改变滑移齿轮 1 的位置,可以把电动机的转动以三种不同的转速传给轴Ⅱ,于是轴Ⅱ便有三种转速;适当的改变轴Ⅲ上的滑移齿轮组 2 的位置,就可把轴Ⅱ的每一种转速又以两种不同的转速传给轴Ⅲ,这样适当改变两组滑移齿轮组 1 和 2 的位置,就可使轴Ⅲ得到六种不同的转速。轴Ⅲ的六种转速,可以经过齿轮 3 传给摆杆齿轮 4,再通过曲柄摆杆机构,使滑枕得到六种不同的往复移动速度。

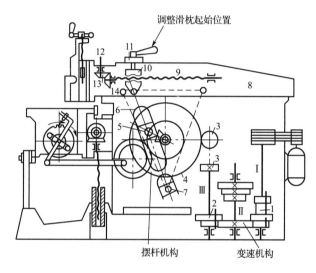

图 5-3　B6065 牛头刨床的主传动系统

1,2—滑移齿轮组;3,4—齿轮;5—偏心滑块;6—摆杆;7—下支点;
8—滑枕;9—丝杠;10—丝杠螺母;11—手柄;12—轴;13,14—锥齿轮

2. 摆杆机构

这是刨床上的主要机构,它的作用是把电动机的转动变成滑枕的往复运动。摆杆机构主要由摆杆 6、滑块 5、摆杆齿轮 4、丝杠 9、一对伞齿轮和滑块 5 中间的曲柄销等零件组成,如图 5-3 所示。摆杆机构中齿轮 3 带动齿轮 4 转动,滑块 5 在摆杆 6 的槽内滑动,并带动摆杆绕下支点 7 转动,于是带动滑枕 8 作往复直线运动。

3. 行程位置调整机构

根据被加工工件装夹在工作台上的前后位置,滑枕的起始位置也要作相应的调整。调整时,先松开手柄 11,再用方孔摇动扳手转动轴 12 上的方头,通过锥齿轮 13、14 转动丝杠 9,由于固定在摆杆 6 上的丝杠螺母 10 不动,丝杠 9 带动滑枕 8 改变起始位置。顺时针转动方头时,滑枕的起始位置偏后,逆时针转动则偏前。调整好后将手柄 11 拧紧。检查滑枕起始位置是否合适的方法,也是用方孔扳手转动轴Ⅲ上的轴端方头。

4. 滑枕行程长度调整机构

被加工工件有长有短,滑枕行程长度可以作相应的调整。调整时,如图 5-4 所示,将轴 1 上的滚花螺帽松开,再用方孔扳手转动轴 1 端部方头,通过锥齿轮 5、6 带动小丝杠 2 转动使偏心滑块 7 移动,曲柄销 3 带动偏心滑块 7 改变偏心位置,从而改变滑枕的行程长度。顺时针转动时,滑枕长度变长;逆时针转动时则变短。检查滑枕行程长度是否合适的方法是:用方孔扳手转动轴Ⅲ上的轴端方头,使滑枕往复移动,此时应将变速手柄放在空挡位置上,使手移动滑枕时比较轻松。当滑枕行程调整合适后,要把滚花螺帽拧紧。

5. 滑枕往复直线运动速度的变化

滑枕运动分前进运动和后退运动,前进运动叫作工作行程,后退运动叫作回程。牛头刨床滑枕的工作行程速度比回程速度慢得多,这是符合加工要求的,也有利于提高生产率。摆杆的摆动会使滑枕的回程速度比工作行程速度快。如图 5 - 5 所示,摆杆齿轮作逆时针等速转动,滑块也随之绕摆杆齿轮的中心 O 作逆时针等速转动。滑枕在工作行程和回程时,摆杆绕下支点摆过的角度 γ 是相同的,但使摆杆摆过的工作行程的 γ 角时,滑块需绕摆杆齿轮的中心转过 α 角;而使摆杆摆过的回程的 γ 角时,滑块需绕摆杆齿轮的中心转过 β 角就行了。从图中可以看出,α 角显然是大于 β 角的,这就是说,滑块转过的 α 角所用的时间,比转过 β 角所用的时间要长,即滑枕工作行程所用的时间比回程所用时间长,而滑枕的工作行程与回程所走过的距离是相等的,所以滑枕的回程速度就比工作行程快了。实质上,滑枕的速度每时每刻都是在变化的,在工作行程时,滑块的速度是从零逐步升高的,而后又逐步降低为零;回程时也是如此,滑枕的速度先从零逐步升高,而后又逐步降低为零,这可以从图 5 - 5 的滑枕速度图解中可以看出。在实际应用中,往往是按工作行程的平均速度 v_{I} 和回程时的平均速度 v_{II} 来计算的。

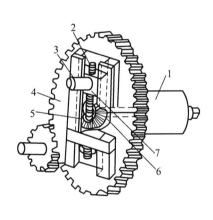

图 5 - 4 滑枕行程长度的调整

1—轴(带方头);2—小丝杠;3—曲柄销;
4—曲柄齿轮;5,6—锥齿轮;7—偏心滑块

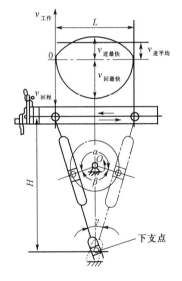

图 5 - 5 滑枕往复运动速度的变化

6. 横向进给机构及进给量的调整

横向进给机构及进给量的调整是采用改变棘爪架每摆动一次棘爪拨动棘轮齿数的办法来实现的,如图 5 - 6 所示。齿轮 2 与图 5 - 3 中的齿轮 4 是一体的,齿轮 2 带动齿轮 1 转动,使连杆 3 摆动棘爪 4,拨动棘轮 5 使丝杠 6 转一个角度,实现横向进给。反向时,由于棘爪后面是斜的,爪内弹簧被压缩,棘爪从棘轮顶滑过。因此,工作台横向自动进给是间歇的。如果要停止进刀一般是把棘爪提转 90°,使棘爪与棘轮脱离接触。

工作台横向进给量的大小取决于滑枕每往复一次时棘爪所能拨动的棘轮齿数,因此调整横向进给量实际是调整棘轮护盖 7 的位置。横向进给量的调整范围为 0.33 ~ 3.3 mm。

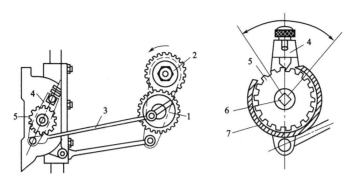

图 5 - 6　B6065 牛头刨床运动及调整

1,2—齿轮；3—连杆；4—棘爪；5—棘轮；6—丝杠；7—棘轮护盖

5.2　刨刀和工件的安装

5.2.1　刨刀的结构

一般刨刀都做成如图 5 - 7(a)所示的结构形式,就是刀尖与刀杆 A 面基本在一条线上,防止加工时扎刀。扎刀现象的发生,就是因为刨削力的缘故。当刀杆做成直的,如图 5 - 7(b)所示,刀杆受力变形后,刀尖就会进入工件表面中,形成扎刀。轻者将引起工件与刀具的振动,使加工过的表面出现凹痕,损坏加工表面的表面粗糙度;严重时,还可能打坏刀具,损坏工件或机床,发生事故。当刀杆做成弯头结构后,如图 5 - 7(c)所示,就避免了扎刀现象发生。

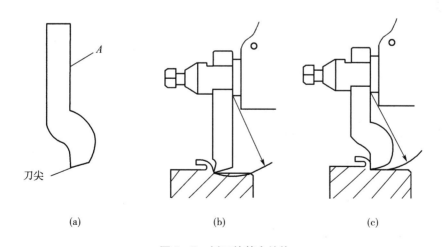

(a)　　　　　　　　　(b)　　　　　　　　　(c)

图 5 - 7　刨刀的基本结构

(a)刨刀的基本结构；(b)直头刨刀；(c)弯头刨刀

这样弯曲的刀杆结构,当刀杆受力变形时,刀头部分在刨削力的作用下就可以向后上方弹起,使刀尖与工件加工表面脱离,不会扎到工件的加工表面而破坏加工表面粗糙度。同时

弯曲的刀杆有较好的弹性,起到消振作用。

5.2.2　刨刀的种类

常用刨刀有平面刨刀、偏刀、切刀、曲面刀等,如图 5－8 所示。

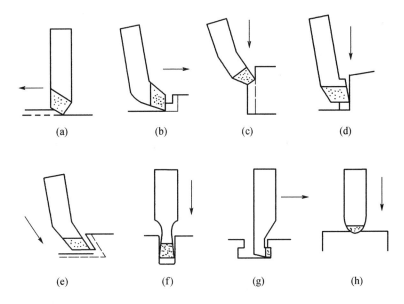

图 5－8　常用刨刀的基本形式

(a)平面刨刀;(b)偏刀;(c)偏刀;(d)偏刀;
(e)角度刀;(f)切刀;(g)槽刀;(h)曲面刀

5.2.3　工件的安装

1. 平口钳装夹

平口钳是一种通用夹具,一般用来装夹中小型工件,装夹方法如图 5－9 所示。

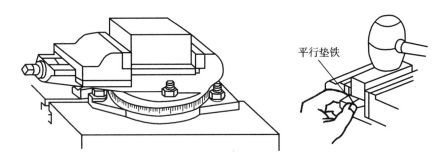

图 5－9　用平口钳安装工件

用平口钳装夹工件注意事项如下:

(1)工件的被加工面必须高出钳口,否则就用平行垫块垫高工件。

(2)为了能装夹得牢固,防止刨削时工件移动,必须以比较平整的平面贴紧在垫块和钳口上。要使工件贴紧在平垫块上,应该一面夹紧,一面用榔头轻击工作上表面,如图 5 – 9 所示。这里要注意的是光洁的上平面应用铜棒进行敲击,防止敲伤光洁表面。当某些夹紧表面很不平整时,为了夹紧牢靠,在活动钳口一边可加斜垫铁或铜皮等。

（3）为了不损坏钳口和保护工件已加工表面,往往夹紧工件时在钳口处垫上铜皮、铝皮或铅皮。

（4）用手挪动垫块检查夹紧程度,如有间隙说明工件与垫块之间贴合不好,应该松开平口钳重新夹紧。

（5）刚性不足的工件需要支撑牢固,以免夹紧力过大使工件变形。

2. 压板螺栓装夹

较大工件或某些不宜用平口钳装夹的工件,可直接用压板和螺栓将其固定在工作台上,如图 5 – 10 所示。此时应按对角顺序分几次逐渐拧紧螺母,以免工件产生变形。有时为使工件不致在刨削时被推动,需在工件前端加放挡铁 2。

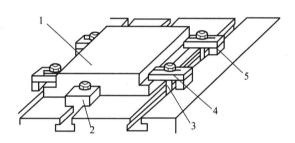

图 5 – 10　用压板螺栓安装工件
1—工件;2—挡铁;3—螺栓;4—压板;5—垫块

如果工件各加工表面的平行度及垂直度要求较高,则应采用平行垫铁和垫上圆棒进行夹紧,以使底面贴紧平行垫铁,且侧面贴紧固定钳口。

用压板螺栓装夹工件注意事项如下:

（1）工件放在垫块上后应检查工件与垫铁是否贴紧。检查时可用手挪动垫块,看是否松动,也可用榔头敲击垫块处的工件部分,听声音来判断是否贴紧。要是没有贴紧,必须垫上纸或铜皮,直到贴紧为止。

（2）压板必须压在垫块处,以免工件因受夹紧力而变形。

（3）装夹薄壁工件,在其空心位置处,要用活动支撑件支撑住,否则工件受切削力易产生振动和变形。

（4）工件夹紧后,应用画针复查加工线是否仍然与台面平行,避免因为夹紧力而使工件变形或者移动。

5.3　典型表面的刨削

5.3.1　刨平面

平面的刨削方法如下:

（1）加工前,必须将工件装夹在刨床工作台面或夹具上,经过校正、夹紧,使工件在整个加工过程中始终保持正确的位置。一般根据工件的形状和尺寸大小来选择装夹方法,这样有利于合理使用机床和保证工件的精度。较小的工件,可用预装在牛头刨床上的平口钳装夹;较大的工件,可直接装夹在牛头刨床的工作台上。

(2)平面刨削刀具分为粗加工刨刀和精加工刨刀,根据工艺要求选择好刨刀,并正确装夹在刀座上,要求刀具在刀座中间位置,如图5-11(a)所示。卸刀具时,左手扶住刨刀,右手使用扳手,如图5-11(b)所示。而且刨刀在刀架上不宜伸出过长,以免在加工时发生振动或者折断刨刀。直头刨刀的伸出长度一般为刀杆厚度的1.5~2倍。弯头刨刀可以适当伸出稍长些,一般以弯曲部分不碰抬刀板为宜。

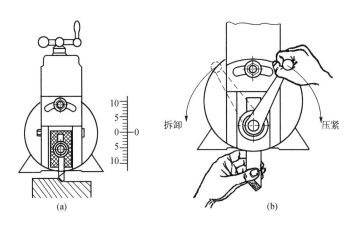

图5-11 平面刨刀的安装方法
(a)平面刨刀安装位置;(b)平面刨刀装卸方法

(3)把工作台与滑枕控制在适当的位置。

(4)调整行程长度及行程位置。

(5)移动刀架,把刨刀调整到选好的切削深度上,调整刨刀可以用以下四种方法进行:

①用目测深度进行试刨,试刨后应进行测量,根据测量的数值再移动刀架到需要的尺寸。注意刨刀不要扎入工件过深。

②用画针盘对刀,将画针盘调整到加工线上或将钢皮尺对到尺寸上,然后用画针去对刀,如果留精刨余量时,则画针与刀刃最低处留0.2~0.5 mm间隙,具体要按加工面的大小和表面的不平直度来决定。

③用刀架上刻度环来调整刨刀吃刀深度,调整时可在工件上放一张纸,移动刀架,使刨刀轻压到纸上,然后记下刻度环上的刻度线数,按垂直丝杠上螺距和刻度环上的分格数,就能算出刀架下降到规定的切削深度,垂直丝杠应当摇转多少格。如果在调整时超过了规定的切削深度,就应该反向转动垂直丝杠,这时把刨刀提到较高的位置,消除上述间隙的影响后,再重新向下调整到刨刀所规定的切削深度。

④用对刀规来调整刨刀,把对刀规的高度调整到工件需要的高度,然后把刀尖正确地对在对刀规上,如果放精刨余量,可在对刀规上放上相当厚度的塞尺,刀尖轻轻压在塞尺上即可,一般不要太紧。

(6)进行试切,手动控制走刀,刨0.5~1.0 mm后即停车进行测量所应控制的尺寸。手动走刀时,走刀量要保持均匀,并且走刀应在回程完毕进程开始的短暂时间内进行,这样可以减轻刀具的磨损。也可以用自动进刀进行试切。

（7）刨削完毕后，先停车检验，合格后再卸下工件。此时要注意：采用平面刨刀，当工件表面要求较高时，在粗刨后还要进行精刨。为使工件表面光整，在刨刀返回时，可用手掀起刀座上的抬刀扳，以防刀尖刮伤已加工表面。

5.3.2　技能实训 21——刨削平面

1. 技能训练目标

（1）进一步掌握刀具的选择、安装和刨床的调整方法。

（2）掌握合理选择切削用量方法。

（3）掌握画线和平口钳装夹工件的方法。

（4）掌握刨削平面的一般方法和步骤。

2. 平面刨削加工图

同学们运用所学平面刨削加工方法，在 B6065 型刨床上手动或机动刨削图 5－12 所示零件上的平面。

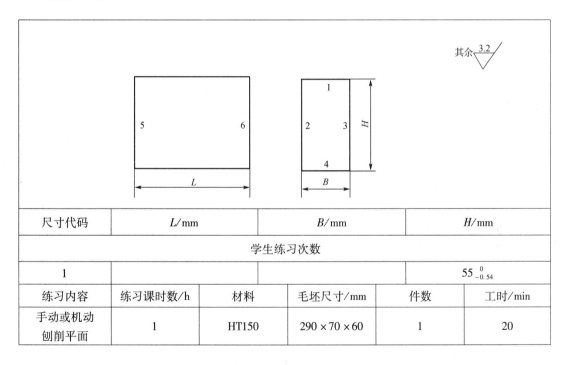

尺寸代码	L/mm	B/mm	H/mm
学生练习次数			
1			$55_{-0.54}^{0}$
练习内容	练习课时数/h	材料	毛坯尺寸/mm	件数	工时/min
手动或机动刨削平面	1	HT150	$290 \times 70 \times 60$	1	20

图 5－12　刨削平面加工图

3. 训练设备与器材

（1）B6065 型刨床　　　　　　　　　　　　　　　　　　　　　　一台

（2）机用平口钳　　　　　　　　　　　　　　　　　　　　　　　一副

（3）平面刨刀　　　　　　　　　　　　　　　　　　　　　　　　一把

4. 刨削加工步骤

（1）看图并检查毛坯尺寸 290 mm×70 mm×60 mm，计算加工余量。

（2）画线，选定好要加工的面。

（3）按照具体情况，选择合适的方法装夹工件，并紧固。

（4）选择粗加工刀具，并且角度要合理，然后安装在刀架上。

（5）调整机床刀具位置。

（6）选择合适的切削用量，并对刀试切。

（7）手动或机动进给粗刨平面1，余量为2 mm。

（8）换刀，重新选择切削用量，并对刀。

（9）精刨平面1，余量为0.5 mm，保证尺寸 $55_{-0.54}^{0}$ mm。

（10）去毛刺检验。

5．操作注意事项

（1）操作前检查机床运转和润滑是否正常。

（2）平口钳装夹工件，工件表面应高出钳口，装夹毛坯面时加护铜皮。

（3）对刀和试切时，注意距离和速度，操作时注意力要集中，防止崩刃。

（4）检验时，将工件摇向一边进行测量，合格后才能取下工件。

（5）加工结束后，及时清理平口钳和工作台，整理工具、量具。

5.3.3 刨垂直面

刨垂直面的方法如下：

（1）刨刀的安装。刨垂直面时，采用偏刀加工，如图5-13所示。安装偏刀时，刨刀伸出的长度应大于整个垂直面的高度，刀架转盘应对准零线。此外，刀座还要偏转一定的角度，使刀座上部转离加工面，以便使刨刀返回行程中抬刀时刀尖离开已加工表面。

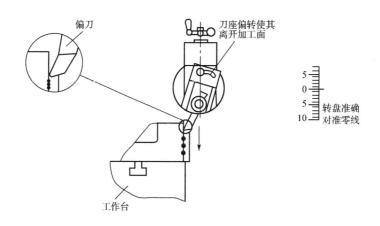

图5-13 刨垂直面的刨刀安装方法

（2）安装工件时，要通过找正使待加工表面与工作台台面垂直或者成一定角度，并与刨刀切削行程方向平行。在刀具返回行程结束时，采用手摇刀架上的手柄来进刀。

①如果用平口钳装夹，将工件需要加工的一端伸出钳口，注意不要伸出过长，否则会在切削加工进程中产生扭矩，如图5-14（a）所示。这样工件容易产生振动，严重时还有可能发生事故。加工较短工件时，在钳口的另一端必须垫上与工件等厚的垫铁，以免因钳口两端受力不平衡而使工件损伤，或使工件夹持不牢固而产生位移，影响加工精度，如图5-14（b）所示。

②如果直接装夹在工作台上时，应防止刀具刨坏工作台。装夹时，可以将工件的加工面对准工作台上的T形槽，如图5-15（a）所示；也可将加工面露出工作台的侧面，如图5-15（b）所示；或者用平等垫铁将工件垫高，如图5-15（c）所示。然后配置压板及螺栓，将工件

压紧后刨削垂直面。

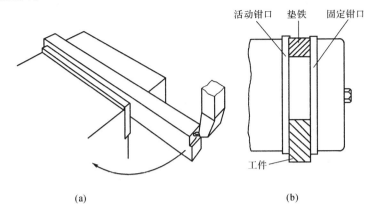

图 5 – 14　刨垂直面时工件在平口钳上的安装方法

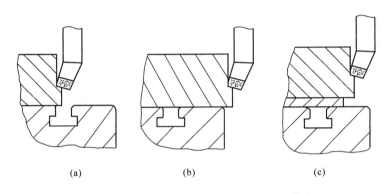

图 5 – 15　刨垂直面时工件在工作台上的安装方法

　　(3)加工前,首先检查牛头刨床工作台的高度,看刀架的垂直进给行程能否将整个加工表面刨出。如果不能将整个加工面刨出,就必须将牛头刨床工作台调整到适当高度位置。

　　(4)摇动工作台或刀架进行对刀后,定出合适的吃刀深度。通常刨垂直面时,为了操作上的方便,一般将加工表面放在右边(即靠近操作者身边的一侧),利用右偏刀进行刨削。

　　(5)开车试刨,用手控垂直进给 1 ~ 2 mm 后,停车测量尺寸,检查吃刀深度是否合适。如果吃刀深度不够应将刀架上摇,然后移动牛头刨床工件台增加吃刀深度;如果吃刀深度过大,则要将刨刀退出,并适当减少吃刀深度。

　　(6)检查吃刀深度并作适当调整后,开车继续刨削,但在刨到最后数刀时进给量应小些,以免崩坏工件边缘以及损坏刀具。

　　(7)整个垂直面经过一次走刀后,停车将刀架上摇至起始位置,用角尺检查已加工表面是否与相邻面垂直。如果垂直,则在检查尺寸后定出下一次吃刀深度,继续进行刨削至工件合格为止;如果不垂直,要仔细寻找原因,并及时给予修正后,再继续进行刨削。

　　(8)一般情况下,牛头刨床在刨完一个垂直面后,将刀架摇至起始位置,工件调头装夹,刨另一个垂直面。如果工件较长,两端都伸出钳口,则刨完第一面后,工件不必调头装夹,可直接换上方向相反的偏刀,同时将刀座也向相反方向扳转后,即可按上述方法加工第二面。

5.3.4 技能实训22——刨削垂直面

1.技能训练目标

(1)进一步掌握刀具的选择、安装和刨床的调整方法。

(2)进一步熟悉合理选择切削用量和画线的技巧。

(3)掌握平口钳装夹工件,熟悉刨削垂直面的方法。

(4)掌握刨削垂直面一般方法和加工步骤以及检测手段。

2.垂直刨削加工图

同学们运用所学平面刨削加工方法,在B6065型刨床上刨削图5-16所示零件上与基准 A 及 B 垂直的平面。

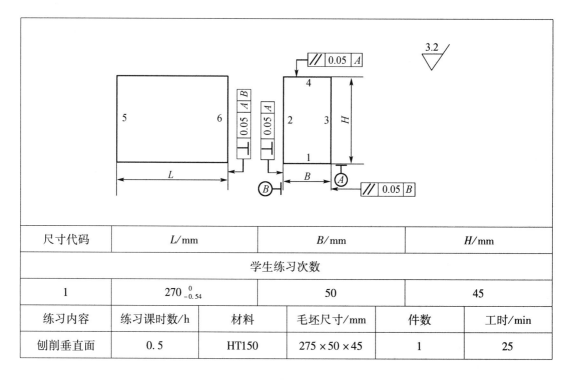

尺寸代码	L/mm	B/mm	H/mm
学生练习次数			
1	$270\,_{-0.54}^{\ \ 0}$	50	45
练习内容	练习课时数/h	材料	毛坯尺寸/mm	件数	工时/min
刨削垂直面	0.5	HT150	275×50×45	1	25

图5-16 刨削垂直面加工图

3.训练设备与器材

(1)B6065型刨床   一台

(2)机用平口钳   一副

(3)偏刀   一把

4.刨削加工步骤

(1)此毛坯是半成品,已经有精基准。

(2)画线,选择装夹基准。

(3)按照具体情况,选择合适的方法装夹工件,并紧固。

(4)安装偏刀。

(5)调整机床刀具位置。

（6）选择合适的切削用量，并对刀试切。

（7）手动或机动进给，粗刨垂直面，L 控制为 $270.5_{-0.54}^{0}$ mm。

（8）换刀，重新选择切削用量并对刀。

（9）精刨垂直面，L 控制为 $270_{-0.54}^{0}$ mm。

（10）去毛刺检验。

5.操作注意事项

（1）操作前检查机床运转是否正常，润滑是否正常。

（2）平口钳装夹工件，必须找正，使固定钳口垂直于滑枕运动方向。

（3）工件不要伸出太长，以免发生振动、崩刃等现象，破坏刀具和工件以及危害人身安全。

5.3.5　刨斜面

凡是与水平面倾斜成一定角度的平面叫作斜面。在牛头刨床上加工斜面的方法有以下几种：

1.倾斜刀架刨削斜面

这是一种最常用的方法，适用于工件数量较少的情况。这种方法是把刀架和刀座分别扳转一定角度，然后用手摇刀架，从上向下沿倾斜方向进给刨削，这与刨垂直面时手摇刀架手柄进给方法相似。如图 5－17 所示，切削深度由横向移动工作台来调整。

2.转动钳口垂直走刀刨削斜面

这种方法适用于刨长工件的两端斜面，把工件装夹在平口钳上，然后根据图纸要求，把平口钳钳身转动一定的角度，如图 5－18 所示，用刨垂直面的方法把斜面刨出来。

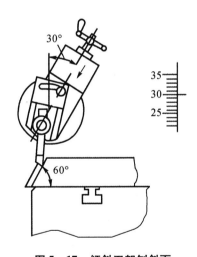

图 5－17　倾斜刀架刨斜面

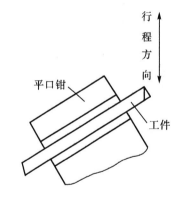

图 5－18　转动钳口垂直走刀刨斜面

3.斜装工件水平走刀刨斜面

当工件很长或较薄，或者在成批生产时，采用斜装工件水平进给刨削斜面生产效率较高。按照工件装夹方法不同，可以分为以下几种加工方法：

（1）按画线找正斜面工件。工件斜面的宽度大于刀架的移动距离时，一般不能采用倾斜刀架刨削加工。这时可在工件上画出斜面的加工线，然后把工件装在工作台的侧面或平口钳内，找正斜面加工线的水平面位置，这样便于采用一般刨削平面的方法刨削斜面，如图

5 - 19 所示。

(2)用斜垫铁斜装工件。在成批生产时,可用预先做好的两块符合零件图上斜度要求的斜垫铁,在平口钳内装夹工件,如图 5 - 20 所示。但要注意,当工件斜度较大时,用这种方法是不易夹紧工件的。

(3)用夹具斜装工件。为了提高工作效率和加工质量,在成批或大量生产时,可采用专用夹具来斜装工件,用水平走刀方法刨削斜面,如图 5 - 21 所示。

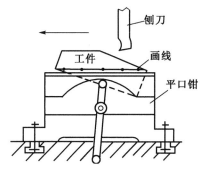

图 5 - 19　按画线找正用水平
走刀刨削斜面法

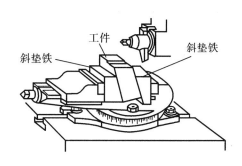

图 5 - 20　用斜垫铁在平口钳内装
夹工件刨削斜面法

4. 用样板刀刨斜面

当工件的斜面很窄而加工要求较高时,可采用样板刀(即成形刨刀)加工,如图 5 - 22 所示。用样板刀加工斜面操作方便,生产效率高,加工质量好。但样板刀的刃磨要正确,切削速度及进给量要小。

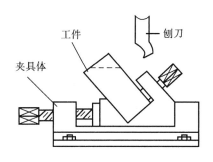

图 5 - 21　用夹具刨斜面

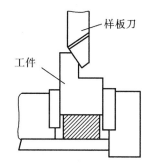

图 5 - 22　用样板刀刨刀刨斜面

5.3.6　刨沟槽

在 B6065 牛头刨床上可以刨削加工垂直沟槽、T 形槽和燕尾形槽等。

(1)垂直沟槽加工要求较高,除了本身的槽宽、槽深和槽两侧加工表面光洁度等精度要求外,与其他表面还有位置精度。如槽的侧面与零件顶面有垂直要求,槽的侧面与零件的侧面有平行要求,有的零件对槽还有对称要求。

刨削加工垂直沟槽之前,可以先在工件的端上画出加工线,然后进行装夹与找正。一般垂直沟槽加工时,槽与其所在的平面是在一次安装中加工完成的,如图 5 - 23(a)所示,这样容易保证工件的上平面与槽的相对位置精度。垂直沟槽的深度可以根据画线加工,也可以根据游标卡尺测量实际尺寸,用刀架刻度来控制加工。

(2)刨 T 形槽时,首先采用刨削加工垂直沟槽的方法,加工出垂直沟槽。再分别用左、右弯刀刨出两侧凹槽,最后用 45°刨刀倒角时,要用切刀以垂直手动进刀来进行,如图 5－23(b)所示。

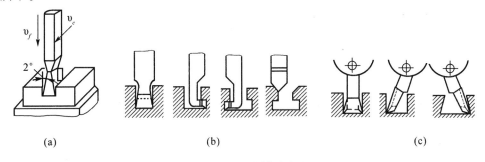

图 5－23　刨沟槽的方法

在刨削 T 形凹槽时,为了防止偏刀折断,必须将刀具抬出 T 形槽。所以在实际生产中,除了手动方式抬刀外,较方便的办法是采用抬刀机构。

(3)刨燕尾槽的过程与刨削加工 T 形槽相似,首先刨削好垂直沟槽,再用偏刀刨削燕尾面,刀架转盘及刀都要偏转相应的角度,如图 5－23(c)所示。刨削燕尾槽工件,其宽度及位置很容易出现偏差,因此在加工过程中应仔细进行中间检查,以便及时发现问题,进行必要的调整,避免出现废品。

5.3.7　刨削正六面体零件

正六面体零件要求对面平行,还要求相邻面成直角。这类零件可以铣削加工,也可刨削加工。刨削正六面体一般采用图 5－24 所示的加工程序。

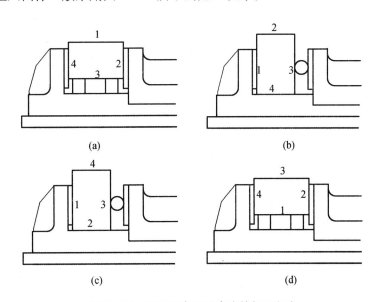

图 5－24　保证四个面垂直度的加工程序

(1)先刨出大面 1 作为精基面,如图 5－24(a)所示。

（2）将已加工的大面1作为基准面贴紧固定钳口，在活动钳口与工件之间的中部垫一个圆棒后夹紧，然后加工相邻的面2，如图5-24(b)所示。面2对面1的垂直度取决于固定钳口与水平走刀的垂直度。在活动钳口与工件之间垫一个圆棒，是为了使夹紧力集中在钳口中部，以利于面1与固定钳口可靠地贴紧。

（3）把加工过的面2朝下，同样按上述方法，使基面1紧贴固定钳口。夹紧时，用手锤轻轻敲打工件，使面2贴紧平口钳，便可加工面4，如图5-24(c)所示。

（4）加工面3，如图5-24(d)所示。把面1放在平行垫铁上，工件直接夹在两个钳口之间。夹紧时要用手锤轻轻敲打，使面1与垫铁贴实。

5.3.8　技能实训23——刨削综合实训

1. 技能训练目标

（1）通过综合训练，将刨削水平面、台阶面和斜面结合起来，提高应用能力。

（2）通过综合训练，进一步掌握工件的装夹方法。

（3）通过综合训练，进一步掌握画线的方法，提高画线技巧。

（4）通过综合训练，更好地掌握切削用量的选择和机床的调整。

2. 综合训练刨削加工图

运用所学刨削加工方法，在B6065型刨床上手动或机动刨削图5-25所示的斜块零件。

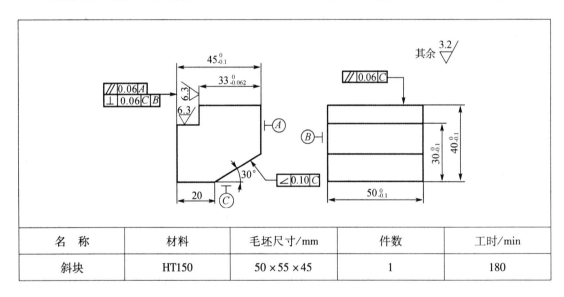

名　称	材料	毛坯尺寸/mm	件数	工时/min
斜块	HT150	50×55×45	1	180

图5-25　斜块零件加工图

3. 训练设备与器材

（1）B6065型刨床　　　　　　　　　　　　　　　　　　　一台

（2）机用平口钳　　　　　　　　　　　　　　　　　　　　一副

（3）偏刀与平面刨刀　　　　　　　　　　　　　　　　　　各一把

4. 刨削加工步骤

（1）看图并检查毛坯尺寸50 mm×55 mm×45 mm，计算加工余量。

（2）调整机床。

（3）按照具体情况,选择合适的方法装夹工件,并紧固。

（4）粗、精刨削六面体。

（5）根据斜面、台阶面加工要求画线。

（6）找正工件并装夹紧固。

（7）粗、精刨台阶。

（8）采用倾斜刀架法,粗、精刨斜面。

（9）去毛刺检验。

5．操作注意事项

（1）设备使用之前要进行检查和润滑保养,发现问题及时解决。

（2）毛坯面装夹时,垫上铜皮;加工表面装夹时,定位夹紧要可靠;用锤子敲击时,注意方式方法,保证工件贴紧钳口,不对工件产生破坏。

（3）用倾斜刀架法加工之前,必须校正刀架位置,可以采用画线校正、万能角度尺校正和角度校正块校正。

参 考 文 献

[1] 党新安.工程实训教程[M].北京:化学工业出版社,2006.

[2] 张木青.机械制造工程训练教材[M].广州:华南理工大学出版社,2005.

[3] 张国军.机械制造技术实训指导[M].北京:电子工业出版社,2006.

[4] 李光.磨工[M].延吉:延边人民出版社,2002.

[5] 机械工业职业技能鉴定指导中心.机械工人职业技能培训教材:磨工技术培训教材
 [M].北京:机械工业出版社,2006.

[6] 蒋森春.机械加工基础入门[M].北京:机械工业出版社,2006.

[7] 徐小国.机械加工实训[M].北京:北京理工大学出版社,2006.

[8] 苏建修.机械制造基础[M].北京:机械工业出版社,2004.

[9] 王兰萍.机械制造技术实训[M].北京:电子工业出版社,2006.

[10] 费从荣.机械制造工程训练教程[M].成都:西南交通大学出版社,2006.

[11] 郑章耕.工程材料及机械制造基础[M].北京:兵器工业出版社,1995.

[12] 刘镇昌.制造工艺实训教程[M].北京:机械工业出版社,2005.

[13] 谷春瑞.机械制造工程实践[M].天津:天津大学出版社,2004.

[14] 张详武.金工实习[M].北京:中国铁道出版社,1996.

[15] 贺锡生.金工实习[M].南京:东南大学出版社,1996.